京津冀科技创新与协同发展丛书
苗润莲◎主编

协同视角下京津冀资源环境管理与科技创新

李　梅◎著

U0343283

中国科学技术出版社
·北　京·

图书在版编目（CIP）数据

协同视角下京津冀资源环境管理与科技创新 / 李梅著.
—北京：中国科学技术出版社，2018.8
（京津冀科技创新与协同发展丛书 / 苗润莲主编）
ISBN 978-7-5046-8050-1

Ⅰ.①协… Ⅱ.①李… Ⅲ.①区域环境—资源管理—
环境管理—研究—华北地区 Ⅳ.①X321.22

中国版本图书馆 CIP 数据核字（2018）第 110126 号

责任编辑	吕 鸣	
封面设计	中文天地	
责任校对	焦 宁	
责任印刷	徐 飞	

出版发行	中国科学技术出版社	
地　　址	北京市海淀区中关村南大街16号	
邮　　编	100081	
发行电话	010 – 63583170	
传　　真	010 – 62173081	
网　　址	http://www.cspbooks.com.cn	

开　　本	787mm×1092mm　1/16	
字　　数	210千字	
印　　张	11.75	
版　　次	2018年8月第1版	
印　　次	2018年8月第1次印刷	
印　　刷	北京九州迅驰传媒文化有限公司	
书　　号	ISBN 978-7-5046-8050-1/X·134	
定　　价	68.00元	

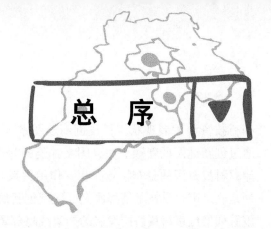

总 序

京津冀同属京畿重地，是我国经济最具活力、开放程度最高、创新能力最强、吸纳人口最多的地区之一，战略地位十分重要。京津冀协同发展，打造经济增长和转型升级的新引擎，是国家的重大发展战略。

2015年4月30日，中共中央政治局会议审议通过《京津冀协同发展规划纲要》，为实施京津冀协同发展战略提供了形成强大合力的行动指南，并推动京津冀协同发展进入全面实施、加快推进的新阶段。2016年2月，《"十三五"时期京津冀国民经济和社会发展规划》印发实施，将京津冀协同发展重大国家战略向纵深推进。2017年4月1日中共中央、国务院决定设立河北雄安新区，是以习近平同志为核心的党中央深入推进京津冀协同发展的一项重大决策部署。

科技资源作为区域创新和可持续发展的战略资源，处在产业链的最前端，具有突出的资源先导作用，是原始创新和创新驱动的重要引擎。

《北京市"十三五"时期加强全国科技创新中心建设规划》提出，全力加快京津冀协同创新共同体建设，联合打造创新发展战略高地和自主创新源头，让科技创新成为支撑经济社会可持续发展的原动力，勇当区域协同发展和创新驱动发展的先行者。

在国家创新驱动发展战略、京津冀协同发展战略和全国科技创新中心建设的背景下，首先必须要全面了解和把握创新资源发展现状，厘清京津冀三地创新资源存量和差距，让区域内各利益主体了解家底，明确各自在协同创新中的努力方向和工作重点，激发创新活力，推动资源优化配置，提升科技资源信息共享和精准服务能力，提升区域整体创新能力。

近年来，北京市科学技术情报研究所在北京市科学技术委员会和北京市科学技术研究院的领导和支持下，为了有效整合和盘活区域科技资源，促进信息共享，释放创新活力，推动区域协同创新，顺应京津冀协同发展国家战略，以创新需求为导向，以创新服务为目的，联合天津市科学技术信息研究所、河北省科学技术情报研究院及地级市情报信息机构，牵头建立了京津冀科技资源数字地图平台，并开展了协同创新的深入研究，取得了一些重要的阶段性成果，"京津冀科技创新与协同发展丛书"即是其中之一。

本丛书以京津冀地区科技协同发展为主线，分为科技创新数据、科技创新地图、科技专题研究三大模块，分别从京津冀科技资源数据、创新资源态势分析、战略研究三个方面展开。科技创新数据系列包括《北京科技资源数据（2017）》《京津冀科技资源数据（2017）》，分别以北京市和京津冀为描述尺度，以北京市及三地科技资源现状梳理为主题的数据汇编，力求权威、直观、快速地反映京津冀三地及各区县或地级市的基础概况和科技资源发展现状。科技创新地图系列2018年将出版《京津冀科技资源创新地图》，通过创新地图的新颖手法、图文并茂的写作形式，生动、形象、直观、鲜明地勾勒出京津冀科技资源的分布特点、相互作用关系和区域创新能力的发展趋势。科技专题研究系列是北京市科学技术情报研究所区域创新研究团队推出的政策研究和区域协同实践著作，该系列聚焦京津冀协同发展的国家战略部署，从创新驱动、产业转型、生态环境等方面，总结分析京津冀协同发展的政策与实践。

　　丛书的出版和传播，将帮助各级政府管理者把握宏观形势，为京津冀区域协同发展、北京全国科创中心和"三城一区"建设等科学决策提供支撑，并有利于推动建立区域创新合作机制；为科技人才提供创新环境、创新主体分布、创新投入等信息，从而寻找更适合自己发挥特长和创造性的岗位和去处，进一步激发其创新潜能；为企业提供行业和领域的科技资源数据和参考信息，快速找到发展所需的人才、资金、设备等，为创新提供便利条件；为各类服务机构提供开拓市场、挖掘用户需求的相关信息，促进服务模式的创新；为普通大众提供更多京津冀科技资源区域特点和分布特征的相关知识，结合自身实际，更好地参与到京津冀协同创新建设以及全国科技创新中心建设中。

　　本丛书得到了北京市科技计划"京津冀科技资源数字地图系统升级及应用服务研究"、北京市信息化项目"京津冀科技资源查询与战略决策支持系统建设"、北京市科学技术研究院创新团队项目"京津冀区域产业战略情报分析"等科研项目的支持。本丛书由北京市科学技术情报研究所区域创新研究团队和中国科学院地理科学与资源研究所的专家学者联袂完成。北京市科学技术研究院谢威副院长、邵锦文副院长对本丛书的撰写给予了大量的指导并提出了宝贵的建议；中国科学院地理科学与资源研究所毛汉英研究员、赵令勋研究员、李宝田研究员，河北工业大学京津冀研究中心主任张贵教授，北京石油化工学院周翠红副教授，中国林业科学院林业科技信息研究所周海川博士等专家学者从研究主旨、主体框架、产业协同构建等方面给予了许多指导，同时也提供了许多宝贵资料；天津市科学技术信息研究所、河北省科学技术情报研究院补充了当地的一些数据资料，对本丛书内容的完成、完善起到了重要作用。在此一并向对丛书顺利出版给予指导和帮助的学者、单位、出版社表示诚挚的谢意。

　　我们希望以自己的探索与努力，为读者打造出一套具有独特知识体系的品牌图书。但是我们也知道，由于能力有限，这中间还有一段艰难的路要走。加上资料收集的困难，尤其是京津冀各地区科技资源统计数据在口径和指标上的差异，使得丛书中的部分内容在满足科研需要上尚有欠缺。为此，诚恳地希望广大读者、学术同行，对我们的错漏和不足之处给予指正，就丛书创作编写中存在的问题和今后的改进方法，提出宝贵的意见和建议。

苗润莲

2018年2月

前　言

随着京津冀地区工业化、城镇化进程加快，区域城市人口急速增长，用地快速扩张和经济急剧发展，同时也引发了资源紧缺、环境污染、生态退化等一系列生态环境问题，使得社会经济发展和资源环境约束之间的矛盾日益突出，已成为制约区域可持续发展的瓶颈。

目前，京津冀协同发展已上升为国家重大战略，雾霾锁城、水资源短缺等突出的区域环境问题引起中央的极高关注。新修订的《环境保护法》强调，要建立跨行政区域的环境污染、生态破坏联合防治协调机制。中共中央政治局2015年4月30日召开会议，审议通过《京津冀协同发展规划纲要》。纲要指出，推动京津冀协同发展是一个重大国家战略，核心是有序疏解北京非首都功能，要在京津冀交通一体化、生态环境保护、产业升级转移等重点领域率先取得突破。可见，生态环境保护是京津冀协同发展的重要抓手。而客观认识京津冀资源环境保护问题，是当前京津冀环境保护联防联控、区域资源环境一体化的重要基础，对于扎实推进京津冀一体化具有重要意义。

资源与环境管理是实现京津冀区域可持续发展的主要途径，科技创新是解决区域资源环境问题的重要支撑。当前，京津冀三地如何打破行政壁垒，完善资源环境垂直管理体系，构建多元主体参与的环境协同治理体系，同时深入推进创新驱动战略，构建京津冀协同创新共同体，支撑京津冀生态文明建设，成为京津冀亟待解决的重要课题。资源环境协同管理和区域科技协同创新是解决京津冀资源环境问题的重要抓手和突破口。一方面，政府作为区域资源环境的管理者和调配者，在环境管理中应发挥其主导作用和引领作用，应从制度、政策、资金和技术等多方面保障并正确引导社会团体和公众参与环境治理，构建多元主体共同参与的环境治理体系。长期以来，京津冀三地因行政区划隔离，呈现各地政府内部上下层级垂直沟通密切而各地政府之间横向联系缺乏的状态，迫切需要构建环境垂直管理体系。另一方面，当前存在的很多生态环境问题给未来发展带来巨大风险，化解这些风险必须通过增强环保科技创新能力来化解。京津冀环境问题的区域性、复合型和压缩性等特点决定，没有强大的科技支撑，没有新科技、新方法的应用，改善区域环境质量的目标就难以顺利、有效、全面实现。由此，深入落实创新驱动战略，依托京津两地丰富的环保技术及环保人才资源优势，合理配置创新要素，提高创新效率，通过科技协同创新来支撑京津冀资源与环境建设，攻关和突破技术难点，不仅为节约资源、保护环境、提高资源利用效率提供技术途径，且为资源环境宏观调控与综合协调提供决策支持和科学依据。

本书在全面梳理京津冀区域资源环境现状和问题的基础上，围绕协同管理和科技协同创新两个重要议题开展研究。一方面运用科技情报方法与手段，开展国内外资源环境管理与协同治理借鉴研究，为跨区域资源环境治理提供参考。另一方面，依托京津冀科技资源数字地图平台，摸清京津冀区域环保科技创新资源家底，开展基于创新主体空间分布的环保科技协同创新研究，为京津冀区域环保科技资源优化配置和协同创新提供科学依据，更好地发挥科技创新在京津冀资源环境一体化发展中的支撑引领作用。

　　全书分绪论、区域现状篇、协同管理篇、协同创新篇。第一章为绪论，包括问题的提出和研究进展。区域现状篇包括第二章和第三章。第二章从京津冀一体化历史、自然环境、社会经济等方面介绍京津冀区域基本概况；第三章重点分析京津冀区域资源与环境发展基础、资源利用现状、环境污染与保护现状、存在问题以及原因。协同管理篇包括第四章和第五章。第四章剖析京津冀区域资源与环境管理现状，梳理总结近几年国家及地方政府出台的京津冀资源环境方面的政策措施，并分析协同发展背景下区域资源环境管理存在的问题；第五章开展国内外借鉴研究，分析中国、美国、加拿大、法国、日本等国家的资源环境管理体制，进行国内外跨区域资源环境协同治理案例分析，提供可借鉴的经验与启示。协同创新篇包括第六章和第七章。第六章开展京津冀环保科技协同创新现状与对策研究，阐述区域科技协同创新的内涵、模式、路径、体系构成等，探讨京津冀环保科技协同创新的基础和优势，分析京津冀环保科技协同创新现状与问题，从宏观视角提出促进区域环保科技协同创新的对策与建议。第七章以京津冀科技资源数字地图平台为支撑，开展基于创新主体空间分布的京津冀环保科技协同创新研究，在空间集聚理论、协同创新论等理论基础上，分析科技资源及其分布与协同创新的关系；收集、整理京津冀环保科技机构资源，基于地址匹配技术获取环保科技机构的空间坐标信息，揭示空间分布现状、特征与存在问题，为促进京津冀环保科技协同创新和节能环保产业发展提供科学决策依据，同时在优化资源布局、创新服务等方面开展有益探索。

　　本书得到了北京市科技计划"京津冀科技资源数字地图系统升级及应用服务研究"、北京市信息化项目"京津冀科技资源查询与战略决策支持系统建设"、北科院青年骨干计划"京津冀区域资源环境管理情报收集与分析研究"、北科院创新团队"京津冀区域产业战略情报分析"等项目的支持，在课题研究成果的基础上进行拓展和深化。本书是"京津冀科技创新与协同发展丛书"之一，也是北京市科学技术情报研究所区域创新研究团队推出的政策研究和区域协同实践著作。苗润莲、张敏、孙艳艳、张红、徐铭鸿、孙沐卿、毛维娜、童爱香、毛卫南、张洪源、向宁等团队成员参与了数据收集与京津冀科技资源数字地图平台建设，为课题的顺利开展及本书的成功面世提供了支持。特别感谢对我们的研究工作给予指导和帮助的北京农学院胡增辉副教授，中国科学院地理科学与资源研究所赵令勋研究员、李宝田研究员、毛汉英研究员和张岸博士，北京市科学技术情报研究所李纯副研究员，北京石油化工学院周翠红副教授，各位专家学者给出了研究思路、关键点突破等建设性意见，同时提供了一些宝贵资料，对本书内容的完成、完善起到了重要作用。

　　本书信息量大、内容新颖、研究视角独特、具有前瞻性，且理论与实践相结合，可供政府部门、京津冀区域协同发展研究和管理工作者、大学相关专业的师生参阅。由于时间、水平、资料和实践经验所限，书中难免存在不足之处，敬请社会各界专家、读者批评指正。

作者

2018年5月

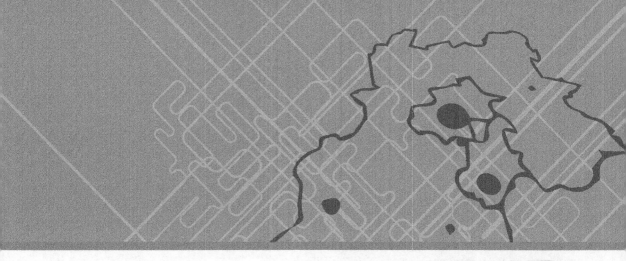

目 录 ▼

协同管理篇

协同创新篇

第一章　绪　　论

一、问题的提出

京津冀协同发展是党中央、国务院确定的重大区域发展战略部署，具有重大的现实意义和深远的历史意义。推动京津冀协同发展对于打造新型首都经济圈、带动环渤海地区合作发展、促进全国区域协调发展、提升国家形象和国际竞争力具有重大意义。京津冀是一个重化工业占有较大比重的地区，在推进区域协同发展中，能否逐步化解经济发展与资源环境承载力的矛盾，人民群众对改善生态环境、建设宜居家园的迫切要求与环境治理的长期性矛盾，发展经济提高收入的迫切需要与淘汰落后产能的矛盾等是亟待解决的新课题。

（一）京津冀协同发展上升为国家战略

随着生产力和科技革命的迅速发展，经济全球化和区域经济一体化成为一股不可阻挡的时代潮流。京津冀区域是我国最发达的城市圈之一，与长江三角洲、珠江三角洲共同构成我国区域发展的三个最重要的增长极，在我国的经济发展中占据重要地位。但是，近年来，京津冀区域发展出现诸多困难和问题，如"大城市病"突出、人口过度膨胀、交通日益拥堵、大气污染严重、房价持续高涨、社会管理难度增大等一系列问题引起全社会的广泛关注。京冀区域水资源严重短缺，地下水严重超采，环境污染问题突出，已成为我国东部地区人与自然关系最为紧张、资源环境超载矛盾最为严重、生态联防联治要求最为迫切的区域。加之区域功能布局不够合理，城镇体系结构失衡，京津两极过于"肥胖"，周边中小城市过于"瘦弱"，区域发展差距悬殊，特别是河北与京津两市发展水平差距较大，公共服务水平落差明显。上述问题，迫切需要国家层面加强统筹，有序疏解北京非首都功能，推动京津冀三地整体协同发展。

京津冀协同发展战略在推进过程中主要包括三个重要节点：

1.提出京津冀协同发展战略

2013年，习近平总书记先后到天津、河北调研，强调要推动京津冀协同发展。2014年2月26日，总书记在北京主持召开座谈会，专题听取京津冀协同发展工作汇报，强调实现京津冀协同发展是面向未来打造新的首都经济圈、推进区域发展体制机制创新的需要，是探索完善城市群布局和形态、为优化开发区域发展提供示范和样板的需要，是探索生态文明建设有效路径、促进人口经济资源环境相协同的需要，是实现京津冀优势互补、促进环渤海经济区发展、带动北方腹地发展的需要，并将京津冀协同发展上升至国家战略高度，协同发展进入实质性推进阶段。

2. 出台京津冀协同发展规划纲要

2015年4月30日，中共中央政治局会议审议通过《京津冀协同发展规划纲要》，再次强调了推动京津冀协同发展是一项重大的国家战略，标志着顶层设计已经完成，协同发展进入全面推进、重点突破的重要阶段。随后，各个部委和三地政府发布了相关规划、实施方案，签署各类合作协议，涵盖交通、生态环境、国民经济和社会发展、司法服务、水利、食品安全、旅游、人力社保、体育等领域，京津冀协同发展战略实施全面启航。

3. 设立雄安新区

2017年，为了深入推进京津冀协同发展战略，以习近平同志为核心的党中央做出了一项重大历史性决策部署，决定设立和建设雄安新区。这是继深圳经济特区和上海浦东新区之后又一具有全国意义的新区。这一决策是千年大计、国家大事，是新形势下党中央治国理政新理念、新思想、新战略的重大实践。雄安新区规划范围涉及河北省雄县、容城、安新三县及周边部分区域，地处北京、天津、保定腹地，区位优势明显，资源环境承载能力较强，发展空间充裕，具备高起点、高标准开发建设的基本条件。规划建设雄安新区，对于集中疏解北京非首都功能、探索人口经济密集地区优化开发新模式、调整优化京津冀城市布局和空间结构、培育创新驱动发展新引擎，意义十分重大。党的十九大报告也明确指出："以疏解北京非首都功能为'牛鼻子'推动京津冀协同发展，高起点规划、高标准建设雄安新区。"这是党中央在中国特色社会主义进入新时代做出的重大决策部署，也是在新的历史起点上深入推进京津冀协同发展的动员令。

由此可见，推动京津冀协同发展、建设雄安新区，是在经济新常态下我国应对资源环境约束趋紧、区域发展不平衡矛盾日益突出等挑战，加快转变经济发展方式、培育经济增长新动力、拓展经济发展新空间、优化区域发展格局的重大举措，同时也是探索改革路径、构建区域协同发展体制机制的需要。它有利于破解京津冀区域发展长期积累的深层次矛盾和问题，优化提升首都的核心功能；有利于完善城市群形态，优化生产力布局和空间结构，将京津冀打造成具有较强竞争力的世界级城市群；有利于引领经济发展新常态，全面对接"一带一路"等重大国家战略，增强对环渤海地区和北方腹地的辐射带动能力，为经济转型发展和全方位对外开放做出更大贡献（左盛丹，2017）。

（二）生态环境建设是京津冀协同发展的重要突破口

1.生态文明建设理念贯穿于京津冀协同发展

党的十八大以来，党中央高度重视经济、政治、文化、社会、生态"五位一体"。十八大报告提出："把生态文明建设放在突出地位，融入经济建设、政治建设、文化建设、社会建设各方面和全过程，努力建设美丽中国，实现中华民族永续发展。"十八大审议通过《中国共产党章程（修正案）》，将"中国共产党领导人民建设社会主义生态文明"写入党章，作为行动纲领；十八届三中全会提出加快建立系统完整的生态文明制度体系；十八届四中全会要求用严格的法律制度保护生态环境；十八届五中全会，提出"五大发展理念"，将绿色发展作为"十三五"乃至更长时期经济社会发展的重要理念，并成为党关于生态文明建设、社会主义现代化建设规律性认识的最新成果。党的十九大报告指出，坚持节约资源和保护环境是基本国策，像对待生命一样对待生态环境，统筹山水林田湖草系统治理，实行最严格的生态环境保护制度，形成绿色发展方式和生活方式，坚定走生产发展、生活富裕、生态良好的文明发展道路，建设美丽中国，为人民创造良好生产生活环境，为全球生态安全做出贡献。

在国家生态文明发展战略背景下，京津冀区域越来越严重的环境问题引起中央的高度关注。京津冀区域性环境问题主要表现在区域大气污染治标不治本的现象突出、水资源严重短缺、生态性贫困和贫困性生态问题交织等几个方面。而这些问题的存在已经严重制约了京津冀区域经济社会的持续健康发展。鉴于京津冀各自为政造成的在资源环境和生态方面存在的突出矛盾，生态环境保护成为京津冀区域一体化发展的重点突破口。事实上，京津冀地理接壤，共处同一个生态单元，在生态环境问题上，三地是"同呼吸、共命运"，面对资源、环境、人口等压力，促进生态协同发展是京津冀区域一体化发展的必然选择。在各方的共同努力下，京津冀协同发展应首先破解生态环境这个"短板"，推进生态环境联防联治，先行先试，在生态一体化上率先取得突破。

2.生态环境保护一体化是推动京津冀区域发展的重要路径

生态环境恶化倒逼京津冀三地联合治理与经济转型。作为我国北方地区重要的经济中心，京津冀在追求经济快速发展的同时，如何应对能源供应紧张、淡水短缺、耕地面积下降、重大环境污染事件频频发生等一系列的问题，是京津冀区域资源环境与经济协调发展不可回避的重大现实问题。国家发改委、环境保护部发布的《京津冀协同发展生态环境保护规划》（以下简称《规划》）指出，京津冀地区是全国水资源最短缺，大气污染、水污染最严重，资源环境与发展矛盾最为尖锐的地区，这些问题是当前及未来京津冀协同发展面临的最大挑战。如果解决不好，不仅有负广大人民群众对于碧水蓝天的殷切期待，更从深层次上制约着京津冀成为继长三角、珠三角之后我国经济的第三个增长极。《规划》明确提出，到2020年，京津冀地区主要污染物排放总量大幅削减，单位国内生产总值二氧化碳排放量大幅减少，区域生态环境质量明显改善，PM$_{2.5}$浓度比2013年下降40%左右。可见形势之严峻，国家治理决心之大。

应该看到，京津冀的生态环境问题是发展带来的，发展的问题还要通过发展来解决，一方面要改变发展方式，另一方面要改变发展不平衡，解决这两个问题的突破口就在于京津冀区域资源环境的一体化。

一是改变发展方式。诸多环境问题的根子，在于发展方式较为粗放落后，过于依赖资源能源消耗，忽视了资源环境容量的限制；同时，产业结构和能源结构不尽合理，"工业围城""一钢独大""一煤独大"现象较为普遍，导致区域生态环境质量不断恶化（金名，2016）。只有加快转方式、调结构，走上绿色、低碳、循环的发展道路，当前的环境恶化趋势才能从根本上得以扭转。而转变京津冀区域的发展方式，关键在于处理产业、交通、生态三者间的关系，区域资源环境一体化是重要的突破口。这是因为京津冀三地在生态环境治理方面如果优先进行合作、积极探索实践，就可以有效牵引、带动三地间产业升级转移和交通规划合作。一方面，产业升级转移必须考虑承接地的生态环境和资源承受能力，针对京津冀地区水资源和土地资源匮乏的现状，只有下大力整治和保护生态环境，将环境和资源的整体承受能力提高，才能为后续的产业升级转移提供必要支撑；另一方面，交通的互联互通和一体化合作，也需要在减少机动车尾气排放、降低车辆能源消耗、解决交通拥堵等问题上聚焦用力。因此，必须把生态环境保护协作作为京津冀协同发展的重中之重，通过落子破局，取得事半功倍的效果。

二是改变发展不平衡。京津冀资源与环境问题的造成，很大程度上正是由于一些地区的发展水平相对落后，很多淘汰产能和污染企业才有了生存空间；正是发展差距的客观存在，才使得各地环境治理的水平参差不齐。如果不做好自然资源资产产权制度、生态补偿制度等制度建设，不打破区域壁垒，从"一盘棋"的高度解决好协调发展问题，填平发展差距上的鸿沟，光靠各自为政、单打独斗，生态环境问题就难以得到根治。只有通过区域一体化协同发展，才能使京津冀走上绿色发展之坦途，从而彻底解决生态环境问题（金名，2016）。

（三）跨区域协同管理和科技协同创新是破解环境问题的关键

1.跨区域协同管理是实现京津冀环保一体化的主要途径

资源与环境问题是制约当今世界可持续发展的主要问题，也是我国乃至京津冀区域协同发展面临的重大问题。"条块分割"的行政管理体制是导致京津冀区域资源与环境问题产生的主要因素之一。原本属于统一生态地理单元的区域被分割成三块，而三地经济社会发展、管理和技术、意识等方面水平差异，直接造成地方政府在资源与环境问题上的决策差异，导致处于统一自然地理单元的资源与环境遭受了严重破坏。如何破解？需要全面深化改革创新环境保护管理体制机制，不断完善中央政府与地方政府、三地政府之间环境管理和协同治理模式，打破行政管理界限，实现跨区域资源与环境的统筹管理。政府作为区域资源环境的管理者和调配者，在环境治理中应发挥其主导作用和引领作用，除了从制度、政策、资金和技术等多方面保障并正确引导之外，还要构建多元主体共同参与的环境治理体系。党的十九大报告也明确指出，要构建政府为主导、企业为主体、社会组织和公众共同参与的环境治理体系，提高污染排放标准，强化排污者责任，健全环保信用评价、信息强制性披露、严惩重罚等制度。区域资源环境问题不仅要依靠科技创新和资金投入，更要构建与政治、经济、社会结构等共同演化的格局。环境协同治理是系统地、根本性地解决京津冀环境问题的根本所在。由此可见，跨区域协同管理是实现京津冀环保一体化的主要途径。

2.科技协同创新是解决京津冀资源环境问题的重要支撑

科技协同创新是解决京津冀资源与环境问题的重要支撑。历史和实践证明，科技进步带来的环境问题必须要通过科技创新来破解。当前存在的很多生态环境问题给未来发展将带来巨大风险，这些风险必须通过增强环保科技创新能力来化解。京津冀环境问题的区域性、复合型和压缩性等特点决定，没有强大的科技支撑，没有新科技、新方法的应用，改善区域环境质量的目标就难以顺利、有效、全面实现。

若想解决京津冀区域性资源环境问题，一方面要用生态文明建设的新理念、新思路、新方法来进行环境综合治理；另一方面，必须通过环保科技创新，才能实现关键技术的突破、共性技术的推广和节能环保产业的快速发展。而环保科技创新应深入落实创新驱动战略，依托京津两地丰富的环保技术及环保人才资源优势，合理配置创新要素，提高创新效率，实现科技的支撑引导作用，为节约资源、保护环境、提高资源利用效率提供技术途径。

2016年11月，国家环境保护部和科技部共同制定了《国家环境保护"十三五"科技发展规划纲要》，提出：面向我国推进"一带一路"、京津冀协同发展和长江经济带战略，需要不断依靠科学技术发展，解决国家相关战略过程中面临的区域环境问题；针对京津冀水环境特点提出系统的治理和管理技术体系，创新京津冀跨区域水资源、水环境、水生态一体化管理制度和跨区域生态补偿机制，改善和提升流域水生态服务功能；以京津冀区域、太湖流域为重点，构建流域水环境管理、流域水污染治理、饮用水安全保障技术体系，并将三大技术体系在四个典型流域开展技术应用和推广；推进"京津冀环境综合治理"科技重大工程，围绕国家京津冀协同发展战略的实施，构建水、气、土协同治理，工、农、城资源协同循环，区域环境协同管控的核心技术、产业装备、规范政策体系，建成一批综合示范工程，形成京津冀区域环境综合治理系统解决方案……由此可见，京津冀协同发展要靠创新驱动，科技协同创新是京津冀区域资源环境建设的重要支撑。

二、研究进展

（一）国内外科研机构主要研究方向对比分析

分析科研机构的研究方向有利于了解学科总体发展趋势和热点。为此，我们选取了从事资源与环境领域研究的国内外科研机构共544家进行分析[①]，其中，国内机构232家，国外机构312家。国外机构包括美国128家、澳大利亚34家、德国22家、加拿大18家、英国15家、日本14家、挪威12家、俄罗斯11家、其他58家。

研究主题分为海洋、大气、环境、地理、农业/林业、地质、地球物理、地球科学综合、地球化学、生态、能源、水资源、生物、可持续发展及其他。国内外科研机构的主要研究方向统计如图1-1和图1-2所示。

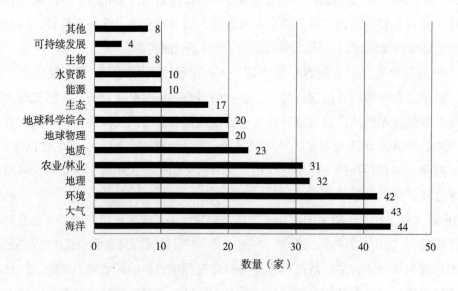

图1-1　国外科研机构研究方向统计情况

---

① 信息来源于资源环境学科信息网（http://www.resip.ac.cn/），经过整理、分类后获得。

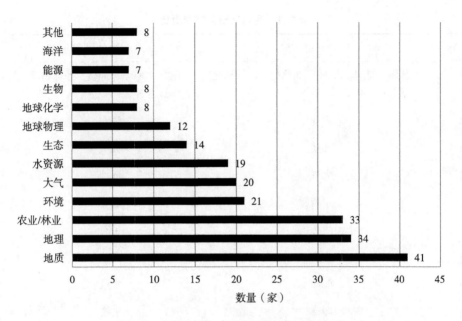

图1-2 国内科研机构研究方向统计情况

分析结果显示，国外与国内资源环境领域科研机构的研究方向有所不同，国外机构的研究方向前五位分别是海洋（44家）、大气（43家）、环境（42家）、地理（32家）、农业/林业（31家）；国内机构的研究方向前五位分别是地质（41家）、地理（34家）、农业/林业（33家）、环境（21家）、大气（20家）。综合来看，国外和国内在地学、农业、大气、环境等领域的科研机构居多，农业科学、地学是科学领域中的传统学科，也是历史最为悠久的学科方向，科研机构相对较多；而大气、环境等领域研究机构数量多则与当代大气污染和全球气候变化、环境问题的日益突出密切相关，也说明这些学科领域具有活力（表1-1）。

海洋、大气和环境是国外的持续研究热点，而中国的持续研究热点是地质、地理和农业。海洋、大气等之所以没有进入前3名，这与国家的科研投入有很大关系，也与国内的研究相对滞后于国际有关。事实上，2006年以来，受国际研究热点的影响和国家扶持力度的加大，国内在海洋和大气两个领域的研究热度不断增大，国家自然科学基金委也加大了这两个领域的资助力度，一批有影响的研究所也陆续涌现（安海忠，2011）。

在热点问题形成的来源上，国外基本上来自管理实践和其他学科的启示，国内研究则更多地运用国外的先进理论并结合我国国情来解决实际的问题，更多的是属于跟踪、引进、消化、吸收性的研究。通过对比分析，国内外资源环境研究机构的发展趋势可概括为以下几点：①研究的主流领域越来越多地受到信息技术、经济一体化和知识经济的影响，或者说，这些新技术、新的时代特征给资源环境管理带来了新的机遇。②随着时

表1-1　国内外研究方向对比

排序	国内研究方向	国外研究方向
1	地学（地理、地质、地球物理、地球化学等）	地学（地理、地质、地球物理、地球科学综合等）
2	农业	海洋
3	环境	大气
4	大气	环境
5	水资源	农业
6	生态	生态
7	生物	能源
8	能源	水资源
9	海洋	生物
10	其他	可持续发展及其他

间的推移，有些研究领域逐渐被淘汰，同时出现新的研究领域，这就要求国内的研究机构要跟踪最新研究动向，培养发现研究热点的敏感性。③除了部分领域（如海洋）外，国内的研究热点与国外比较接近。④我国是农业大国，人口众多，农业是根本，因此，与农业相关的科研机构较多；地学作为历史悠久的传统学科，相关研究机构也很多；而大气、环境等研究方向随着大气污染与气候变化、环境问题的日益突出，也受到广泛关注。

（二）我国资源环境领域研究热点分析

人口剧增、资源短缺、环境恶化、生态危机等一系列的世界性问题，已经直接威胁到人类的生存。当前，我国经济发展进入新常态，资源与环境的承载力面临着前所未有的压力，资源环境问题成为制约我国经济社会可持续发展的瓶颈。分析了解资源环境领域的研究现状和研究热点，有利于把握学科发展脉络，加深对该领域的认识和研究。而文献作为反映科技发展趋势的重要载体，其发文数量和结构变化反映了相应领域的发展特征，可以通过文献计量来预测相关研究领域的发展前景和趋势。基于此，本书采用文献计量学方法，对国内资源环境领域期刊论文的关键词进行共词分析，以期为国内学者把握该领域的研究热点与发展态势提供参考和依据。

为了解我国资源环境领域的研究热点及走向，本书采用共词分析法，利用Excel、

SPSS等软件，对CNKI数据库中的相关文献进行统计，通过分析得出高频关键词并建立共词矩阵。之后进一步对高频词共词矩阵进行聚类分析和战略坐标图分析，得知资源环境领域研究热点主要集中在人口资源环境与经济可持续发展、城市化与中国资源环境/水资源环境协调发展、资源环境约束或人地关系视角下的产业结构优化和城镇化发展、资源环境承载力评价指标体系与问题对策、经济增长与生态足迹关系、生态文明视角下的资源环境保护与管理等几大主题上。其中，前两个主题处于整个领域的核心地位，得到较深入的研究；后四个主题研究不够深入，仍有许多值得研究的内容。

1.数据来源与研究方法

（1）数据来源

本书数据来源于CNKI数据库，用专业检索进行检索，即TI（题目）='资源环境'–'人力资源'–'专业'–'学科'–'旅游资源'–'信息资源'–'网络资源'，除去人力、网络、旅游、专业、学科等内容，截至2016年年底，共检索到文献5821篇，将这些文献按500篇一组分别导入到Excel表格中，结合计算机和人工处理，从中剔出报纸、学位论文以及与主题无关的期刊论文和重复项，最终筛选出2801篇论文。从这些论文中提取关键词用于分析，最终得到4842个关键词。

（2）研究方法

共词分析属于内容分析方法的一种，其原理主要是对一组词两两统计它们在同一篇文献中出现的次数，以此为基础对这些词进行聚类分析，从而反映出这些词之间的亲疏关系，进而分析这些词所代表的学科和主题的结构变化（冯璐，2006）。目前，共词分析法已被国内外学者广泛应用于各学科领域的热点研究。共词分析法主要包括四个步骤：①确定国内资源环境研究领域的主要关键词；②建立关键词共词矩阵；③利用多元统计方法，如聚类分析、多维尺度分析、战略坐标分析等，对矩阵进行分析；④对得到的结论进行分析（李纲，2011）。本书利用Excel和SPSS分析软件，按照共词分析法的以上步骤，研究分析我国资源环境研究的热点领域及演变趋势。

2.基于共词分析的资源环境领域研究热点分析

（1）高频关键词统计

本书将2801篇论文中的关键词数据导入Excel数据表中进行处理，将每个关键词单独放在一个单元格中。然后利用数据透视表功能，初步统计高频关键词。最后，根据Donohue于1973年提出的高频词低频词界分公式计算出高频词阈值（魏瑞斌，2006）：

$$I_n = \frac{1}{2}\left(-1 + \sqrt{1 + 8 \times I_1}\right) \tag{1}$$

其中I_1为仅出现一次的关键词数量。在本书的关键词数据中，I_1=2011，由此得出T（阈值）=62.9，即阈值为63，按照该公式核心关键词只有"资源环境""资源环境承载力""资源""可持续发展""环境"5个，数量偏少。因此本书根据实际数据适当调整，选取了词频大于等于12次的共37个高频关键词进行共词分析（表1-2）。

表1-2 高频关键词列表

序　号	关键词	词频（次）	序　号	关键词	词频（次）
1	资源环境	178	20	中国	19
2	资源环境承载力	91	21	经济增长	19
3	资源	86	22	城市化	19
4	可持续发展	86	23	资源节约	17
5	环境	84	24	主成分分析	15
6	协调发展	40	25	环境承载力	15
7	资源环境约束	40	26	生态环境	15
8	生态文明	33	27	指标体系	15
9	水资源	33	28	环境问题	14
10	人口	33	29	人地关系	14
11	承载力	28	30	产业结构	13
12	经济	25	31	生态足迹	13
13	经济发展	25	32	环境管理	13
14	资源环境压力	23	33	环境保护	12
15	水资源环境	22	34	资源环境保护	12
16	城镇化	21	35	资源环境基础	12
17	资源环境审计	21	36	环境约束	12
18	对策	20	37	评价	12
19	协调度	20			

（2）关键词共词矩阵构建

基于以上获得的高频关键词，利用Excel中的IF函数对关键词进行筛选，去除无关的关键词，进一步人工进行相似关键词合并和筛选，例如"资源与环境"和"资源环境""环境保护"与"环保""对策建议"与"对策""主成分分析"与"主成分"。最终得出5列关键词，对关键词进行两两组对，如关键词AB、AC、AD、AE、BC、CD……整合成两列数组，去掉单个关键词条目（储节旺，2011）。利用Excel中的数据透视表功能建立一个37×37的共词矩阵，进一步统计任意两个关键词同时出现的频数，生成共词矩阵（表1-3）。

表1-3 关键词共词矩阵（局部）

关键词	产业结构	承载力	城市化	城镇化	对策	环境	环境保护	环境承载力
产业结构		1				1	1	2
承载力	1					3		2
城市化					2	5		
城镇化					1	3		
对策			2	1		5	2	1
环境	1	3	5	3	5			
环境保护	1				2			
环境承载力	2	2			1			

（3）热点领域的聚类分析

本书将共词矩阵转化为相似矩阵和相异矩阵，以满足不同多元统计方法的需求。首先用Ochiia系数将共词矩阵转化为相关矩阵（肖志雄，2015），其计算公式为如下：

$$Ochiia\ 系数 = \frac{关键词A与B共现次数}{\sqrt{A的词频}\sqrt{B的词频}} \tag{2}$$

相关矩阵中的数据为相似数据，数值越大表示两个关键词的距离越近、相似度越好；相反，数值越小表明两个关键词距离越远、相似度越差（李纲，2011）。为了减少相关矩阵中0值过多而造成较大的误差，将相似矩阵进一步转化为相异矩阵（表1-4和表1-5）。相异矩阵中的数据为不相似数据，数值越大表示两个关键词距离越远、相似度越差；相反，数值越小表示两个关键词距离越近、相似度越好。

表1-4 关键词相似矩阵（局部）

关键词	产业结构	承载力	城市化	城镇化	对策	环境	环境保护	环境承载力
产业结构	1.0000	0.0172	0.0000	0.0000	0.0000	0.0076	0.0223	0.0599
承载力	0.0172	1.0000	0.0000	0.0000	0.0000	0.0142	0.0000	0.0370
城市化	0.0000	0.0000	1.0000	0.0000	0.0251	0.0306	0.0000	0.0000
城镇化	0.0000	0.0000	0.0000	1.0000	0.0145	0.0212	0.0000	0.0000
对策	0.0000	0.0000	0.0251	0.0145	1.0000	0.0215	0.0251	0.0169
环境	0.0076	0.0142	0.0306	0.0212	0.0215	1.0000	0.0000	0.0000
环境保护	0.0223	0.0000	0.0000	0.0000	0.0251	0.0000	1.0000	0.0000
环境承载力	0.0599	0.0370	0.0000	0.0000	0.0169	0.0000	0.0000	1.0000

表1-5 关键词相异矩阵（局部）

关键词	产业结构	承载力	城市化	城镇化	对策	环境	环境保护	环境承载力
产业结构	0.0000	0.9828	1.0000	1.0000	1.0000	0.9924	0.9777	0.9401
承载力	0.9828	0.0000	1.0000	1.0000	1.0000	0.9858	1.0000	0.9630
城市化	1.0000	1.0000	0.0000	1.0000	0.9749	0.9694	1.0000	1.0000
城镇化	1.0000	1.0000	1.0000	0.0000	0.9855	0.9788	1.0000	1.0000
对策	1.0000	1.0000	0.9749	0.9855	0.0000	0.9785	0.9749	0.9831
环境	0.9924	0.9858	0.9694	0.9788	0.9785	0.0000	1.0000	1.0000
环境保护	0.9777	1.0000	1.0000	1.0000	0.9749	1.0000	0.0000	1.0000
环境承载力	0.9401	0.9630	1.0000	1.0000	0.9831	1.0000	1.0000	0.0000

把相异矩阵数据导入到SPSS统计分析软件中，经过比较选择，本书采用组内联接配合欧式平方距离的方法。经过系统聚类得到系统聚类树状图（图1-3），可以将资源环境领域的研究热点分为6个类团，分别为：人口资源环境与经济可持续发展、城市化与中国资源环境/水资源环境协调发展、资源环境约束或人地关系视角下的产业结构优化和城镇化发展、资源环境承载力评价指标体系与问题对策、经济增长与生态足迹关系、生态文明视角下的资源环境保护与管理。

1）人口资源环境与经济可持续发展：此类由环境、资源、人口、可持续发展、经济发展、环境保护等关键词构成。人类生存系统涉及社会、人口、经济、资源、环境要素

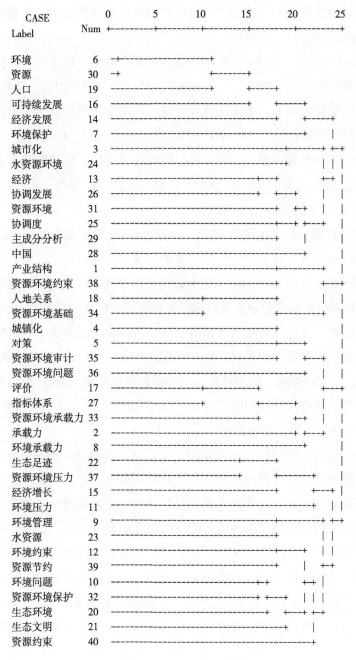

图1-3　共词聚类树状图

以及相互关联的几个方面，内在的各种因素相互影响、相互制约，可持续发展必须处理好它们之间的关系。可持续发展战略提出后，国内学者围绕人口资源环境与经济社会的可持续发展开展了多方面的研究，主要从我国及地区的人口资源环境现状出发，探讨人口资源环境在经济社会中的地位、几个要素之间关系及相互影响分析，提出可持续发展策略及对策，为全国及地区的可持续发展提供了理论及实践指导依据（蔡昉，1996；冯玉广，1997；米红，1999）。

2）城市化与中国资源环境/水资源环境协调发展：此类由城市化、水资源环境、经济、协调发展、资源环境、协调度、主成分分析、中国等关键词组成。随着城市化/城镇化进程的加快和经济快速增长，中国资源环境与经济发展的矛盾日益突出，尤其是水资源环境。环境与经济协调发展则是实现可持续发展的重要途径。构建经济、社会、资源、环境的耦合协调度评价指标体系，基于主成分分析法对这些系统的发展水平进行测度分析和实证研究（宋建波，2010；杨晶，2013；陈晓红，2011；曾鸣，2013），为促进中国经济增长与环境协调发展提供了科学依据。

3）资源环境约束或人地关系视角下的产业结构优化和城镇化发展：此类由产业结构、资源环境约束、人地关系、资源环境基础、城镇化等关键词组成。包括两个小类，一个是城镇化与资源环境约束/承载力的关系研究，这是复杂人地关系的特殊表现形式以及地理学面向人文要素和自然要素综合集成与相互关系研究的重要内容（刘凯，2016）。基于资源环境约束或人地关系对城镇化发展做出梳理，探讨城镇化问题、城镇化发展模式及路径等为城乡协调发展提供科学依据。另一个是，产业结构作为连接经济增长与环境资源的桥梁和纽带，与经济增长、资源利用、环境保护息息相关（戴越，2014），探索资源、环境双重约束下的产业结构优化问题具有重大理论和现实意义，包括产业结构优化调整途径，产业结构变化对资源、环境的影响分析等方面。

4）资源环境承载力评价指标体系与问题对策：此类由对策、资源环境审计、资源环境问题、评价、指标体系、资源环境承载力等关键词构成，分为资源环境承载力评价指标体系研究和问题对策研究。资源环境承载力是资源环境领域的重点研究方向之一。21世纪初，国内的学者开始开展资源环境承载力的综合研究，之后，资源环境承载力这个主题受到了越来越多学者的关注和研究。这些研究主要通过构建或使用一种或多种资源环境承载力模型和评价指标体系，对水资源、土地、生态等各类要素以及区域进行分析评价和实证研究（张兴，2017；董文，2011），资源环境承载力评价研究理论与方法取得了重要成果。另一个小类是资源环境审计方法、现状、策略、对策以及资源环境问题的对策研究。

5）经济增长与生态足迹关系：此类由生态足迹、资源环境压力、经济增长、环境压力等关键词构成。生态足迹可以反映生态环境的状况和人类社会经济发展对资源的需求，经济增长与生态足迹之间的演化关系是分析区域经济可持续发展能力的重要手段。在资源环境压力日益加重的今天，以生态足迹的视角，探讨经济增长与资源环境/环境压力关系，对促进区域可持续发展具有重要意义。目前，这类研究主要集中在生态足迹与经济增长关系的实证分析、计量分析、关系预测模型研究、动态特征、影响分析等方面（吴文彬，2014）。

6）生态文明视角下的资源环境保护与管理：此类由环境管理、水资源、资源节约、环境问题、资源环境保护、生态环境、生态文明、资源约束等关键词组成。进入21世纪，我国在资源约束紧张、环境污染严重、生态系统退化的严峻形势下，提出了"生态文明发展战略"。自党的十七大报告中首次提出"生态文明"的概念以来，不少学者从宏观层面上围绕我国生态文明建设开展了理论与实践研究。在生态文明视角或生态文明框架下重新审视资源环境保护、资源节约、环境管理、环境管理制度及机制、环境管理绩效评估、水资源保护等问题，成为当代我国资源环境研究领域的热点（李校利，2013）。

（4）**热点领域的战略坐标图分析**

研究以关键词共词矩阵和聚类分析结论为基础，进一步绘制热点研究领域的战略坐标图（图1-4）。其中，X轴为向心度（Centrality），表示研究领域之间的相互影响程度，向心度越大，表明越核心；Y轴为密度（Density），表示研究领域内部之间的联系程度，密度越大，表明越成熟（李迎迎，2016）。

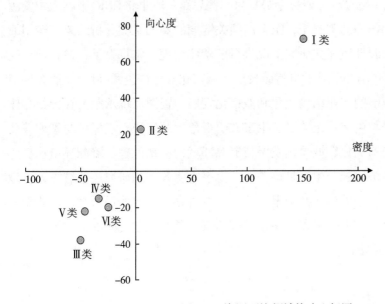

图1-4　资源环境领域战略坐标图

从战略坐标图中可得出，人口资源环境与经济可持续发展（Ⅰ类）和城市化与中国资源环境/水资源环境协调发展（Ⅱ类）处于第一象限，其中，人口资源环境与经济可持续发展（Ⅰ类）的密度和向心度最高，说明这类主题在整个研究中的中心地位，研究比较深入，城市化与中国资源环境/水资源环境协调发展（Ⅱ类）其次。而资源环境约束或人地关系视角下的产业结构优化和城镇化发展（Ⅲ类）、资源环境承载力评价指标体系与问题对策（Ⅳ类）、经济增长与生态足迹关系（Ⅴ类）和生态文明视角下的资源环境保护与管理（Ⅵ类）均处于第三象限，其密度和向心度较低，表明这几类主题研究不够深入，但也意味着这些热点主题发展空间较大，还有许多值得全面深入研究的课题。自从可持续发展成为全球经济发展的趋势之后，经济发展与环境保护之间的矛盾一直是各国需要克服的困难，而作为可以衡量某一地区或某一领域可持续发展状况和能力的生态足迹、承载力等也相应地被各国学者所重视。我国在生态足迹、承载力等方面的研究起步较晚，20世纪八九十年代才开始研究，经过二三十年的发展，尽管在研究尺度、研究方法、评价、应用等方面取得了一定进展，但理论假设、计算方法、模型应用等方面仍存在许多值得深入研究的问题，且大多研究停留在某一资源上。"城镇化""生态文明"作为我国国家发展的重大问题，近年来逐渐受到各界的高度关注，成为资源环境领域的研究热点，但其研究仍然处于萌芽阶段。战略坐标分析可得知，国内资源环境领域研究大多集中在宏观及理论层面，实践应用方面的具体研究还不够深入，今后应加强实践应用方面的深入研究。

基于期刊论文关键词，本书通过共词分析揭示出资源环境领域的研究热点，为科研人员在资源环境领域研究主题结构与研究趋势提供一些思路。本书将CNKI数据库中资源环境相关期刊论文关键词作为基础数据，结合高频关键词的共词聚类分析结果，运用战略坐标分析方法对我国资源环境相关研究情况进行了整体梳理，结果显示：该领域研究热点主要集中在人口资源环境与经济的可持续发展、城市化与中国资源环境/水资源环境协调发展、人地关系视角下的产业结构优化和城镇化发展、资源环境承载力评价指标体系与问题对策、经济增长与生态足迹关系、生态文明视角下的资源环境保护与管理等几大主题上。其中，产业结构优化、城镇化发展与资源环境的关系处理、资源环境承载力评价指标体系的构建、经济增长与生态足迹关系、生态文明等主题研究还不够深入，理论研究跟不上实践发展。由于关键词共词聚类分析法本身存在一定的局限性，可能无法反映全部的热点主题内容，但大体可以反映该领域热点主题及主题之间的内在关系，便于科研人员总体了解和大致把握。

三、资源与环境含义

（一）资源内涵与特征

资源的概念涉及内涵广泛，从经济学的角度看，资源是一切有用和有价值的东西，即一切生产和生活资料的来源，包括自然资源、资本资源和人力资源。从地理学和社会学的角度来看，资源是指环境中能为人类直接利用并带来物质财富的部分，一般分为自然资源和社会经济资源（杨雪峰，2012）。

《辞海》对自然资源的定义是："指天然存在（不包括人类加工制造的原材料）并有利用价值的自然物，如土地、矿产、水利、生物、气候、海洋等资源，是生产的原料来源和布局场所。"联合国环境规划署把自然资源定义为：在一定的时间和技术条件下，能够产生经济价值、提高人类当前和未来福利的自然环境因素的总称。

由此可见，自然资源就是自然界赋予或前人留下的，可直接或间接用于满足人类需要的所有有形之物（如土地、水体、动植物、矿产等）与无形之物（如光资源、热资源等）。自然资源为人类提供生存、发展和享受的物质与空间。合理保护和利用自然资源，等于保护人类生存与发展的基础。自然资源具有可用性、整体性、变化性、空间分布不均匀性和区域性等特点，是人类生存和发展的物质基础和社会物质财富的源泉，是可持续发展的重要依据之一。自然资源可分类如下：生物资源、农业资源、森林资源、国土资源、矿产资源、海洋资源、气候气象和水资源等。

自然资源具有如下特征：一是数量的有限性和稀缺性。稀缺性是所有资源的共同属性，也是当前导致资源环境面临十分严峻局面的重要原因。在一定的时空范围内，资源的数量是有限的。当人类社会不断发展的时候，有限的资源与人类庞大的需求相矛盾，故必须强调资源的合理开发利用与保护。二是区域分布的不平衡性。通常，不同地区自然资源种类、数量、质量等具有明显的差异，分布也不均匀。某些可再生资源的分布具有明显的地域分异规律，不可再生的矿产资源分布具有地质规律。三是整体性和联系性。自然资源是一个庞大的生态系统，各个资源之间具有联系性，相互联系、相互制约，共同构成一个有机统一体。因此，当某种资源发生改变时，其他资源也受到直接或间接影响，因此，必须要做到资源综合开发利用和综合科学管理。四是用途多样性和发展性。一种资源具有多样化的用途，例如，水资源既可用于生活又可用于生产活动。人类对自然资源的利用范围和利用途径将进一步拓展或对自然资源的利用率不断提高。

（二）环境内涵与特征

人类生存的空间及其中可以直接或间接影响人类生活和发展的各种自然因素称为环境。《辞海》对环境的定义是："围绕着人类的外部世界，是人类赖以生存和发展的社会和物质条件的综合体。可分为自然环境和社会环境。自然环境中，按其组成要素，又可分为大气环境、水环境、土壤环境和生物环境等。"2014年新修订的《中华人民共和国环境保护法》第二条规定，环境是指影响人类生存和发展的各种天然的和经过人工改造的自然因素的总体，包括大气、水、海洋、土地、矿藏、森林、草原、湿地、野生生物、自然遗迹、人文遗迹、自然保护区、风景名胜区、城市和乡村等。

环境可分为自然环境和人工环境。自然环境是环绕着生物的空间中可以直接、间接影响到生物生存、生产的一切自然形成的物质、能量的总体，主要包括空气、水、其他物种、土壤、岩石矿物、太阳辐射等，这些是生物赖以生存的物质基础。人工环境指由于人类活动而形成的环境要素，它包括由人工形成的物质能量和精神产品以及人类活动过程中所形成的人与人的关系，后者也称为社会环境。这种人为加工形成的生活环境，包括住宅的设计和配套、公共服务设施、交通、通信、供水、供气、绿化面积等。

在本书中，"资源与环境"是指自然资源与环境。资源与环境问题就是指自然资源短缺和耗尽、环境污染和生态破坏问题。事实上，资源与环境是人类赖以生存和发展的基本条件，资源与环境是统一的完整体系，二者相互作用、相互联系。资源是基础，环境是条件。人们对自然资源的开发利用会影响环境，反之自然环境的变化也会影响资源。资源与环境是地球生态系统的两个方面，共同构成矛盾的统一体。

一个地区资源潜力与其环境质量密切相关，地球原本赋予了人类最合理、最有序的资源环境配置，由于整个人类强大的力量参与到自然中，这种有序性便随着人类对自然的改造逐渐无序化，以至形成今天的资源环境现状。对资源的利用必然造成有序环境的破坏，无序而劣质的环境将使资源的利用程度和利用质量无法保障（柯海玲，2004）。

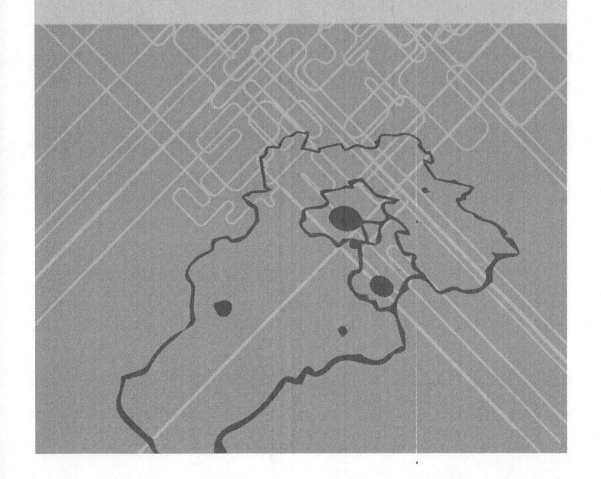

区域现状篇

第二章　京津冀区域基本概况

本章提示：内容包括京津冀一体化历史、京津冀地区自然地理概况以及人口、经济与产业、科技资源等概况。

京津冀区域包括北京市、天津市以及河北省的保定、廊坊、沧州、秦皇岛、唐山、承德、张家口、衡水、邢台、邯郸、石家庄11个地级市。土地面积21.6万平方千米，人口1.12亿（2017年）。京津冀地区位于东经113°27'~119°50'，北纬36°03'~42°40'。地处华北平原，北接内蒙古高原，西邻黄土高原，东临渤海（王丽，2015）。所接省域为：以北与辽宁、内蒙古自治区相接壤，以西与山西交界，以南与河南、山东相邻，以东紧傍渤海。

北京（东经115°25'~117°30'，北纬39°26'~41°03'）是中华人民共和国的首都、直辖市、国家中心城市、超大城市、国际大都市，全国政治中心、文化中心、国际交往中心和科技创新中心。地处华北平原的北部，背靠燕山，毗邻天津市和河北省，国土面积16412平方千米，下辖16个区、147个街道、38个乡和144个镇。

天津（东经116°43'~118°04'，北纬38°34'~40°15'）是直辖市、国家中心城市，北方经济中心、环渤海地区经济中心、全国先进制造研发基地、北方国际航运核心区、金融创新运营示范区、改革开放先行区。地处华北平原北部，东临渤海，北依燕山。国土面积11903平方千米，有16个市辖区、1个副省级区，共有乡镇级区划数240个。

河北省（东经113°27'~119°50'，北纬36°03'~42°40'）是全国现代商贸物流重要基地、产业转型升级试验区、新型城镇化与城乡统筹示范区、京津冀生态环境支撑区。地处华北，东临渤海，内环京津，西为太行山地，北为燕山山地，燕山以北为张北高原。国土面积187159平方千米，辖11个地级市、47个市辖区、20个县级市、95个县、6个自治县，共有1970个乡镇[①]。

---

① 数据来自中华人民共和国民政部全国行政区划信息查询平台。

一、京津冀一体化历史

京津冀三地相互接壤，西部是太行山山脉余脉的西山，北部是燕山山脉的军都山，两山在南口交会。海河流域以扇状水系的形式铺展在京津冀地区，"两山并驱其中必有水，两水夹行其中必有山"。京津冀地域辽阔广大，自远古以来北方民族与中原民族就生活在这一地带，是北方草原民族南下的跳板，也是不同民族冲突与融合的前沿阵地（刘蕾，2017）。

京津冀地区古为幽燕、燕赵，历元明清三朝800余年本为一家。元明清时期奠都北京，河北成为畿辅重地，保定、张家口、承德等城市开始兴起。京津冀地区被称为京畿，四方物聚。元代，中书省下辖的大都路驻在大都城，今河北省的其他区域分属上都、保定、真定、顺德、河间、大名、广平等路所辖。明成祖迁都北京后，京津冀地域都划归京师，大部属于北直隶省，加强了与周边地区数百年间军事、行政关系上的"一体化"，驻在京城的顺天府所辖地域与元代大都路相仿，北京因此亦称"京师顺天府"。到了清代，以原"京师八府"所属区域与长城以北新设的承德府、口北三厅组成直隶省，京津冀地区彻底实现了一体化。与此同时，京津冀地区跃升为大一统帝国的中枢区域，区域功能及其区域内的联系发生了质的飞跃，北京与津冀地区互需、互补、互利，开始了协同发展。两次鸦片战争之后，1860年天津的开埠和近代工业的大发展，使得京津冀地区从一个封闭的中央王朝京畿重地逐步走向近代开放经济中心。在抗日战争全面爆发前，天津已经是中国北方地区最大的城市和工商业中心、中国第二大工业城市，其工业经济体系的完备程度仅次于上海。然而，在新中国成立之后，经过较大的行政或政治干预，一体化格局彻底被打破，"京畿地区"被切割成几块，一部分划归北京管辖，一部分划归天津，大部分并入河北，"京畿地区"作为一个整体不复存在，逐渐变为"三足鼎立"。随着近代城市化水平的不断提升，北京市、天津市需要把自身地理空间向周边相邻的河北省拓展，以获得更多的土地、水源、能源、交通、旅游等方面的支撑，京津的拓展带来了河北辖境的萎缩。

长期以来，作为权力中心的北京具有的发展特权和高度集中的资源配置权，对周边产生了"空吸效应"。与此同时，北京的城市病已近乎积重难返。功能太多，"中心"太多，这样配套服务的产业和机构越来越多，人口必然也越来越多，城市负担越来越大，发展不平衡问题日益突出。为解决这些问题，早在1986年，时任天津市市长的李瑞环就提出环渤海区域合作问题，京津冀区域经济概念随之提出。1988年，北京市与河北省环京地区的保定、廊坊、唐山、秦皇岛、张家口、承德6地市组建了环京经济协作区，协作区以推进行业（系统）联合为突破口，带动企业间的联合与协作，相继创办了农副产品交易市场、工业品批发交易市场，组建了信息网络、科技网络、供销社联合会等行业协作组织，建立起区域企业间的广泛联系，卓有成效地推进了区域经济合作。1992年，河北省提出两环开放带动战略，其中，"环京津"由于京津还处于产业聚集阶段没有什么大的进展；而"环渤海"由于河北省没有自己的海港也没有发挥出沿海优势。1992年以后，由于多种因素的影响，京津冀区域协作和区域组织逐步削弱，企业之间、地区政府之间无序竞争的局面日益突出，重复建设也越演越烈，京津冀区域与我国另两大都市圈"长三角"和"珠三角"的差距也逐渐拉开。直到2004年以后，首钢开始向曹妃甸搬迁，两环开发带动战略才开始在实践中发挥作用。2000年，吴良镛先生提出"大北京"概念，"大北京"实际上是京津和冀北地区（包括京津唐、京津保两个三角形地区）的简称。2001年10月，吴良镛先生的"京津冀北城乡地区空间发展规划研究"通过建设部审定。2004年，国家和京津冀三地发改委共同签署《廊坊共识》，也是从那时起，国家发改委会同京津冀三地政府开始共同编制京津冀都市圈区域发展规划，并被认为是"最难编制的区域规划"。2005年，河北省提出"环京津贫困带"概念，指在北京、天津两个国际大都市周围，环绕着河北的3798个贫困村、32个贫困县。这些集中连片的地区一直以来都承担着为京津地区减少风沙、提供清洁水源的责任，很大程度制约了该地区的资源开发和工农业生产，经济发展受到阻碍，整个区域发展处于极其不平衡状态，城乡二元化现象严重。2006年10月，北京市与河北省正式签署《北京市人民政府、河北省人民政府关于加强经济与社会发展合作备忘录》，以期促进两地经济、社会可持续协调发展。同年，国家发改委提出"京津冀都市（2+7）"（后来又加上石家庄，成了2+8）。"2+7"方案是在综合采用交流强度、断裂点、引力模型和场强模型分析经济联系强度的计算公式后，由杨开忠领衔完成的《持续首都：北京新世纪发展战略》得出的首都圈范围，包括北京、天津、保定、廊坊、沧州、唐山、秦皇岛、张家口、承德9个城市。此时，三地虽有合作意愿，但各自需求并不完全契合。2011年3月，国家"十二五"规划纲要发布，提出"推进京津冀区域经济一体化发展，打造首都经济圈，推进河北沿海地区发展"。至此，推进京津冀区域经济一体化发展的理念正式写入国家级规划。同年，河北省提出打造"环首都绿色经济圈"，重点发展环首都13个县市，做好北京转移和经济外溢服务功能；北京则提出打造全国的政治和文化中心。

2012年，"建设首都经济圈""河北省沿海发展战略""太行山、燕山集中连片贫困区开发战略"同时纳入国家"十二五"规划。直到2014年，习近平总书记视察北京，主持召开京津冀协同发展座谈会，提出京津冀协同发展7点要求，京津冀协同发展才上升为重大国家战略，京津冀区域一体化发展真正起步（图2-1）。

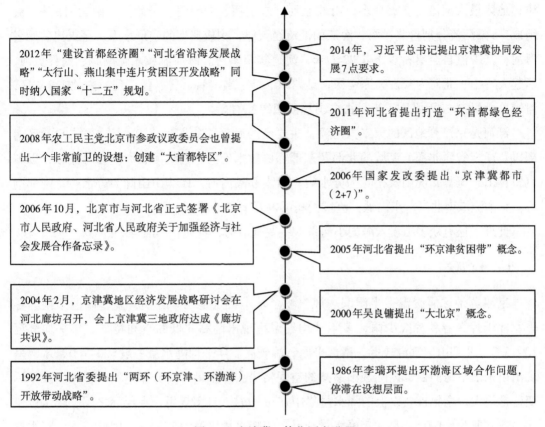

2012年"建设首都经济圈""河北省沿海发展战略""太行山、燕山集中连片贫困区开发战略"同时纳入国家"十二五"规划。

2014年，习近平总书记提出京津冀协同发展7点要求。

2008年农工民主党北京市参政议政委员会也曾提出一个非常前卫的设想：创建"大首都特区"。

2011年河北省提出打造"环首都绿色经济圈"。

2006年10月，北京市与河北省正式签署《北京市人民政府、河北省人民政府关于加强经济与社会发展合作备忘录》。

2006年国家发改委提出"京津冀都市（2+7）"。

2005年河北省提出"环京津贫困带"概念。

2004年2月，京津冀地区经济发展战略研讨会在河北廊坊召开，会上京津冀三地政府达成《廊坊共识》。

2000年吴良镛提出"大北京"概念。

1992年河北省委提出"两环（环京津、环渤海）开放带动战略"。

1986年李瑞环提出环渤海区域合作问题，停滞在设想层面。

图2-1　京津冀一体化历史进程

二、自然环境概况

（一）地形地貌

京津冀地区位于华北平原北部，北靠燕山山脉，南面华北平原，西倚太行山，东临渤海湾，西北和北面地形较高，南面和东面地形较为平坦。由西北向的燕山—太行山山系构造向东南逐步过渡为平原，呈现出西北高、东南低的地形特点。

地貌类型复杂多样，但仍然以平原地貌为主，沿渤海岸多滩涂、湿地。北部山地属低山丘陵，一般海拔200~1000米，其间发育有延庆、遵化、迁安等山间盆地。南部地势平坦，东南濒临渤海。

（二）水系

京津冀河流主要属海河、滦河两大水系。海河是华北地区主要的大河之一，也是京津冀地区最大河流，支流众多，由北运河、永定河、大清河、子牙河、南运河5条河流组成。5条河流分别自北、西、南三面汇流至天津，构成典型的扇形水系，至天津后始名海河，其干流自金钢桥以下长73千米，河道狭窄多弯。海河流域东临渤海、南界黄河、西起太行山、北倚内蒙古高原南缘，地跨京、津、冀、晋、鲁、豫、辽、内蒙古8省区，流域总面积31.78万平方千米，占全国总面积的3.3%。

滦河是京津冀地区的第二大河流，主要流经河北省东北部，其次是内蒙古自治区南部以及辽宁省西北部。流域的北部及东部邻西拉木伦河、老哈河、大凌河等流域，以苏克斜鲁山、努鲁儿虎山及松岭为分水岭；西南邻潮白河，以燕山山脉为分水岭；南邻渤海。整个流域南北高，东南低，流域面积4.49万平方千米。

此外，还有众多独流入海的小河系，主要有清河、石河、洋河等。

（三）气候

京津冀地区属暖温带半湿润季风气候。基本特点是四季分明，夏季高温多雨，冬季寒冷干燥，春秋凉爽少雨，多年平均气温呈现出南高北低的空间特征。年平均气温10~13℃，北部山区气温较低，南部平原气温较高。年平均降水量一般500~700毫米，呈现出由东部沿海向西部内陆逐渐递减的空间格局。降水量时间分布不均衡，年内及年际变化都很大，全年80%以上的降水量集中在6—9月，且多暴雨；在年际之间，降水量变化系数一般为0.3~0.5，最大年降水量与最小年降水量比值为5.3~8.4。因此，本区降水量经常出现丰枯交替或连枯连丰现象（张达，2015）。伴随降水丰枯而出现的涝年、旱年、正常年的比例分别为20%、50%、30%；近几十年来呈现涝年减少、旱年增多趋势（张立海，2008）。

（四）植被

京津冀地区地貌复杂，气候多样，各地水热条件差异明显，植被类型和植物种类多种多样，具有温带地区植物区系特点。主要自然植被类型包括落叶阔叶林、针阔叶混交林、针叶林、灌丛和灌草林、草原、草甸、沼泽和水生、沙生植被等。伴随气候条件有规律地变化，该区自然植被的分布表现出一定的规律性，主要表现为纬度地带性、经度地带性和垂直地带性。从南向北分布有温带落叶阔叶林和温带草原两个植被带；从东南向西北分布有落叶阔叶林带、森林草原带和草原带；在山地，从山麓到山顶，随着高度的变化，形成不同的植被带谱，如雾灵山地的垂直植被带谱由下而上依次为灌丛林—落叶阔叶林—针叶林—亚高山草甸。

三、社会经济发展概况

（一）基础设施

航空设施：目前，在北京、天津、石家庄、唐山、秦皇岛、邯郸、张家口、承德等城市建有机场，首都新机场正在建设中。2017年12月，国家发改委、民航局出台《推进京津冀民航协同发展实施意见》，提出加快推进京津冀民航协同发展，着力打造京津冀世界级航空机场群。2020年，北京新机场将建成投入使用，北京"双枢纽"机场与天津机场、石家庄机场实现与轨道交通等有效衔接，初步形成统一管理、差异化发展的格局，整体服务水平、智能化水平、运营管理力争达到国际先进水平。2030年，天津、石家庄机场区域航空枢纽辐射能力将显著增强，天津将建成我国国际航空物流中心，基本实现京津冀主要机场与轨道交通等有效衔接，打造形成分工合作、优势互补、空铁联运、协同发展的世界级机场群。

海运设施：京津冀港口主要有天津港、秦皇岛港、唐山的京唐港和曹妃甸港以及沧州的黄骅港。天津港领衔环渤海港口群，为综合性港口，货物吞吐量约为4000万吨/月；秦皇岛港和黄骅港主要作为煤炭港；京唐港主要运输煤炭和集装箱，曹妃甸港是著名深水港，为大型深水矿石、原油接卸和煤炭输出港。

铁路设施：在铁路网方面，2015年京津冀铁路营业里程0.93万千米，占全国营业里程的7.69%；铁路客运量占全国的比重为10.52%，近年来基本呈波动上升趋势；货运量占全国的比重基本是上下浮动的，但整体呈现下降趋势，从2001年的近11%降至2015年的约8.10%。

公路设施：2015年，京津冀公路里程为22.3万千米，占全国的4.87%左右。京津冀公路客运量为10.8亿人，占全国的6.65%；公路货运量为22.5亿吨，占全国的7.15%，总量保持持续增长。

（二）人口

1.人口总量

截至2017年年底，京津冀人口数量达到11247.1万人，占全国人口总数的8.09%。新中国刚成立时，1950年京津冀人口数量为3993.4万人，占全国人口总数的7.24%；到1990年京津冀人口数量翻倍，达8129.0万人。新中国成立之后，京津冀人口数量总体上快速稳步增长，1950—2017年平均每年增加108.3万人。其中，2005—2010年人口增长量最大，达到204.60万人/年；1995—2005年的年均增长量最小，约80万人/年。从年均增长率来看，1950—2017年，增长率上下浮动。其中，1950—1960年、1985—1990年和2005—2010年的年均增长率较高，均超过了20‰；1995—2005年的年均增长率较小，低于10‰（见表2-1）。

表2-1 京津冀地区人口情况

年　份	京津冀（万人）	京津冀占全国比重（%）	京津冀区间年均增长量（万人）	京津冀区间年均增长率（‰）
1950	3993.4	7.24		
1960	5102.1	7.71	110.9	24.80
1970	5987.0	7.21	88.5	16.12
1980	6821.2	6.91	83.4	13.13
1985	7333.8	6.93	102.5	14.60
1990	8129.0	7.11	159.0	20.80
1995	8630.0	7.13	100.2	12.03
2000	9039.0	7.13	81.8	9.30
2005	9431.8	7.21	78.6	8.54
2010	10454.8	7.80	204.6	20.81
2015	11143.0	8.11	137.6	12.83
2017	11247.1	8.09		

数据来源：河北统计年鉴（2016），北京市、天津市、河北省2017年国民经济和社会发展统计公报。

2.区域差异

京津冀三地比较中，河北的人口数量最多，其次是北京，天津最少。截至2017年年底，河北的人口数量达到7519.5万人，占京津冀人口的66.86%；北京的人口数量达2170.7万人，占京津冀人口的19.30%；天津的人口数量达1556.9万人，占京津冀人口的13.84%。1950—2017年，北京和天津的人口增长迅猛，以北京为例，从1950年的439.3万人增至2017年的2170.7万人，翻了2.5番。从年均增长率来看，北京在1950—1960年和2005—2010年的年均增长率较大，分别是53.47‰和49.89‰；1960—1970年的年均增长率最低，为5.89‰。天津是1950—1960年、2005—2015年的年均增长率较大，均超过了35‰，其他时间段年均增长率较小。而河北是1950—1970年、1985—1990年的年均增长率较大，为18‰~21‰；1990—2015年的年均增长率都处于较低水平，均在10‰以下（表2-2）。由此可见，新中国成立后，北京和天津的人口增长速度快速，占京津冀人口总数的比重逐渐增多，从1950年的21.19%增至2017年的33.14%。

表2-2　京津冀地区人口情况（分区）

年　份	北京（万人）	天津（万人）	河北（万人）	河北占京津冀比重（%）	区间年均增长率（‰）		
					北京	天津	河北
1950	439.3	407.1	3147.0	78.81			
1960	739.6	583.5	3779.0	74.07	53.47	36.65	18.47
1970	784.3	652.7	4550.0	76.00	5.89	11.27	18.74
1980	904.3	748.9	5168.0	75.76	14.34	13.84	12.82
1985	981.0	804.8	5548.0	75.65	16.42	14.50	14.29
1990	1086.0	884.0	6159.0	75.77	20.55	18.95	21.12
1995	1251.0	942.0	6437.0	74.59	28.69	12.79	8.87
2000	1364.0	1001.0	6674.0	73.84	17.45	12.22	7.26
2005	1538.0	1043.0	6850.8	72.64	24.30	8.25	5.24
2010	1961.9	1299.3	7193.6	68.81	49.89	44.92	9.81
2015	2171.0	1547.0	7425.0	66.63	20.46	35.51	6.35
2017	2170.7	1556.9	7519.5	66.86			

数据来源：河北统计年鉴（2016），北京市、天津市、河北省2017年国民经济和社会发展统计公报。

　　从河北省各地级市人口分布情况来看，截至2015年年底，保定人口数量最多，其次是石家庄，两市人口数量均超过1000万人，是北京的一半；第三是邯郸，人口数量为943.3万人。唐山、沧州和邢台人口为700万~800万人。廊坊、衡水、张家口、承德、秦皇岛等城市人口较少，低于500万人（图2-2）。

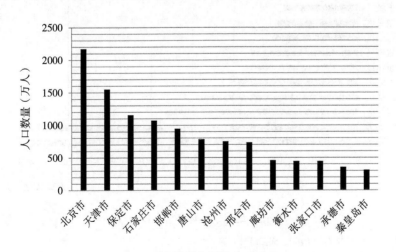

图2-2　京津冀各城市人口分布

数据来源：河北统计年鉴（2016）。

从北京、天津各区人口分布情况来看，北京人口主要集中在朝阳区、海淀区、丰台区，人口数量都在200万~400万人，集中了全北京45.90%的人口；其次是昌平区、大兴区、通州区、西城区、房山区、顺义区等，人口数量为100万~200万人。天津人口主要集中在滨海新区，人口为297万人，占天津人口总数的19.44%；其次是南开区、武清区、河西区，人口均超过100万人（图2-3）。

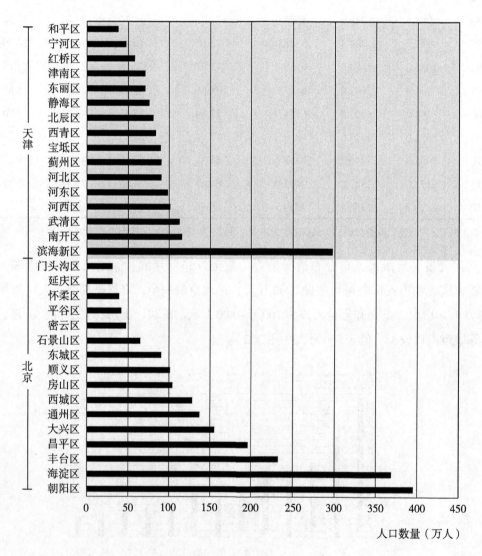

图2-3　北京、天津各区人口分布

数据来源：北京统计年鉴（2016）、天津统计年鉴（2016）。

3.人口密度与城镇化

根据人口密度差异，设定人口密度>800人/平方千米的区域为人口高度密集区，人口密度介于200~800人/平方千米的区域为人口中密集区，人口密度<200人/平方千米的区域为人口低密度区。

2016年，京津冀地区人口密度为518.7人/平方千米，是全国人口密度的3倍。北京和天津人口密度超过1300人/平方千米，远远超过全国水平，是我国人口极其密集的地区。河北人口密度相对较低，但仍高于全国水平。

北京的人口主要集中在城区和平原区，其中，首都核心功能区（东城区、西城区）人口密度最高，均超过20000人/平方千米；其次是城市功能拓展区（朝阳区、海淀区、石景山区、丰台区），人口密度为7500~9000人/平方千米；通州区、大兴区、昌平区和顺义区人口也较密集，均超过1000人/平方千米；房山区、平谷区、密云区、门头沟区、怀柔区、延庆区等偏远山区人口密度低。

天津人口主要集中在城区，其中，和平区、河北区、南开区、红桥区、河西区、河东区的人口密度最高，均超过25000人/平方千米，和平区和河北区甚至超过30000人/平方千米；其次为津南区、北辰区、东丽区、西青区、滨海新区人口也高度密集，均超过了1300人/平方千米。

从河北省11个地级市人口密度来看，地处冀北山区的张家口、承德面积大、人口少、人口密度低，其他城市均属于中密集区，介于200~800人/平方千米，这些城市交通方便，经济相对发达（图2-4）。

新中国成立以来，京津冀人口密度变化的基本特征是：城市地区人口相对集中，即越接近城市，人口密度越高；由空间较均衡状态向不均衡状态演变，人口分布和经济社会发展与资源环境承载力的不协调程度逐渐增强。

在京津冀人口密度普遍提高的状态下，人口密度的区域差异逐渐拉大，逐渐集中到北京和天津这些中心城市。例如，1950年京津冀人口密度为184人/平方千米，北京、天津和河北人口密度分别为268人/平方千米、341人/平方千米和167人/平方千米，区域差距并不大。而到2016年，京津冀人口密度为516人/平方千米，北京、天津和河北人口密度分别为1324人/平方千米、1308人/平方千米和396人/平方千米，区域差距变化巨大（图2-5）。

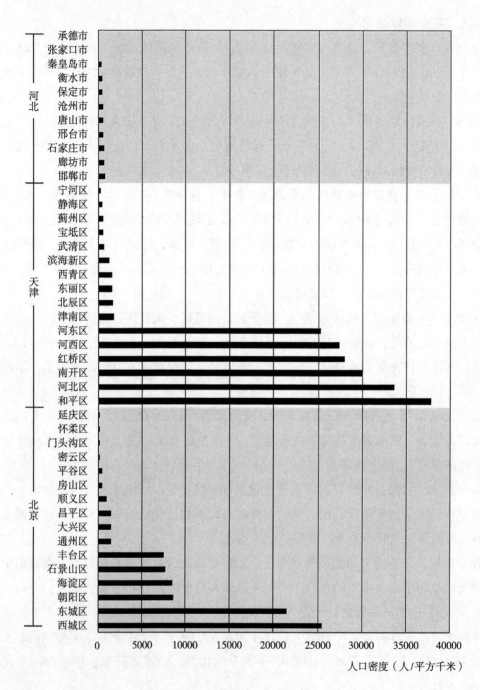

图2-4　京津冀人口密度对比

数据来源：北京统计年鉴（2017）、天津统计年鉴（2017）。

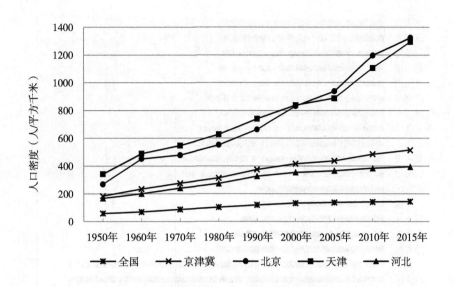

图2-5　京津冀及全国人口密度变化

数据来源：中国统计年鉴（2016）、河北统计年鉴（2016）。

人口城镇化的进程是经济社会发展的重要标志之一。根据发达国家的城市化经验，城市化率在30%~70%期间是加速城市化的时期，而发达国家的城市化率在80%左右。我国正处于加速城镇化时期，仍存在一些亟待解决的突出问题，例如，许多农民虽然改变了身份，但其生活方式仍停留在比较传统的阶段上。改革开放后，三地城镇化进程不断加快，2015年，北京、天津、河北三地城镇化率分别达到86.51%、82.64%和51.33%，较1990年分别增加了13.03%、26.60%和36.96%。

具体而言，在北京市16个区中，密云区、平谷区、顺义区和延庆区的城镇化率较低，但均超过50%，其他12个区城镇化率均超过60%，高过全国平均水平。其中，首都核心功能区和城市功能拓展区城镇化率高达97%~100%，门头沟区、昌平区城镇化率超过80%。

在天津市16个区中，红桥区、河北区、南开区、河西区、河东区、和平区市内六区和滨海新区以及津南区、东丽区、西青区、北辰区环城四区城镇化率达到90%以上，但静海区、武清区、蓟州区（原蓟县）、宁河区、宝坻区等远郊区城镇化率较低，不到50%，最低的才37.07%，区与区之间差距较大。

河北省11个地级市的城镇化率普遍较低，为45%~60%（图2-6）。

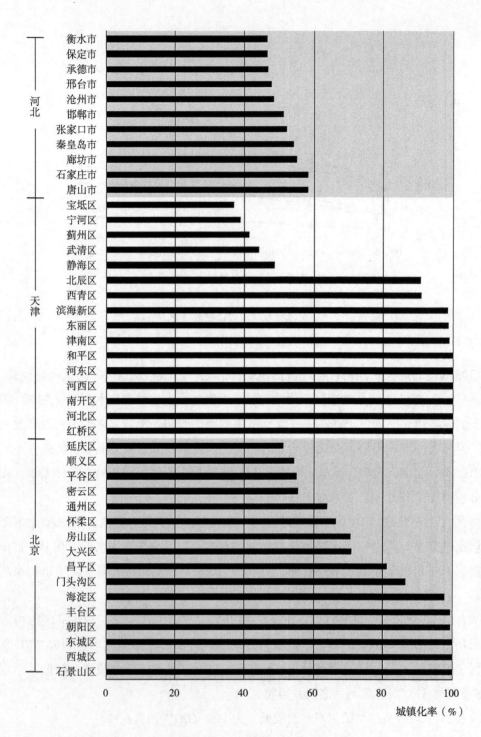

图2-6 京津冀城镇化率对比

数据来源：北京统计年鉴（2016）、天津统计年鉴（2016）、河北统计年鉴（2016）。

4.常住人口受教育程度

进入21世纪，京津冀地区居民文化素质不断提高。根据2010年全国第六次人口普查数据得出，在京津冀常住人口中，具有大学学历（指大专及以上）程度的人口1368.2万人，占14.79%；具有高中（含中专）程度的人口为1596.6万人，占17.25%；具有初中程度的人口为4299.6万人，占46.46%；具有小学程度的人口为1989.3万人，占21.50%。以上各种受教育程度的人包括各类学校的毕业生、肄业生和在校生。

同2000年第五次全国人口普查相比，每10万人中具有大学学历程度的由28544人上升为56275人。文盲人口（15岁及以上不识字的人）为248.2万人，文盲率为2.40%，与2000年第五次全国人口普查相比，文盲人口减少301.8万人，文盲率下降4个百分点。

从三地比较来看，北京具有大学学历（指大专及以上）程度的人数最多，617.8万人，占整个京津冀的45.15%；其次是河北，为524.3万人，占38.32%；天津最少，为226.2万人，占16.53%。每10万人中具有大学学历程度的人数北京最多，为31499人；其次是天津，为17480人；河北最少，为7296人。从学历结构来看，北京地区高中及以上教育程度的人占比为56%，天津为48%，河北仅为23%。

另外，各区人口文化素质发展不平衡，高学历人口向经济发达地区流动。以北京为例，北京市16个区的人口文化素质差距较大，其中，城近郊区大专及以上人口比重均达到30%以上，具有高科技产业园区和大学校园优势的海淀区这一比重高达49%；拥有金融产业特点的西城区，这一比重达到41%。远郊区的人口文化素质相对较低，除昌平区大专及以上人口比重达到36%外，其他区这一比重都在23%以下。80.50%的研究生集中在海淀区、朝阳区、西城区和昌平区。其中，海淀区的研究生最多，为30.2万人；其次是具有CBD商务区优势的朝阳区，为13.7万人；第三是拥有金融产业特点的西城区，为6.3万人；第四是昌平区，由于大学城等原因，研究生为5.4万人。

（三）经济与产业

1.经济发展

京津冀区域自然地理、社会经济区位优越，交通发达，城市化程度和经济基础较高，具备促进经济发展的诸多有利条件。经济构成中第二产业、第三产业比例较高，人力资源丰富，技术水平较高。自20世纪90年代以来，京津冀区域经济经历了一个高速增长时期。过去30多年，北京、天津、河北以及京津冀区域GDP总量呈快速增长趋势（图2-7）。京津冀区域GDP由1985年的830亿元增长到2017年的82560亿元，年均增长率为15.46%。京津冀区域GDP占全国GDP总量的比重也从9.1%左右增加至9.98%。

京津冀三地中，河北经济总量最大，为35964亿元；北京次之，为28000.4亿元；天津最少，为18595.4亿元。河北经济总量占到京津冀的43.56%，北京占比为33.92%，天津为22.52%（图2-7）。

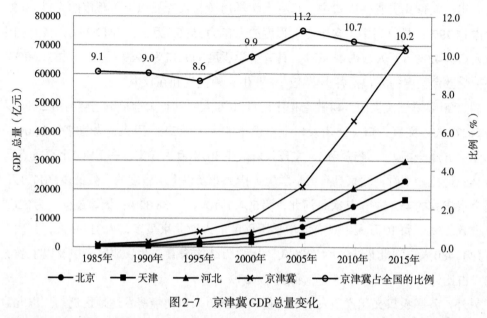

图2-7　京津冀GDP总量变化

数据来源：国家统计局网站（http://www.stats.gov.cn/）。

从人均GDP来看，京津冀人均GDP逐年递增，北京、天津、河北人均GDP分别为11812.8元、114503.2元、42932.4元，北京、天津人均GDP均超过1.7万美元，而河北仅为6400余美元[①]，不足北京、天津的2/5，且低于全国平均水平（图2-8）。

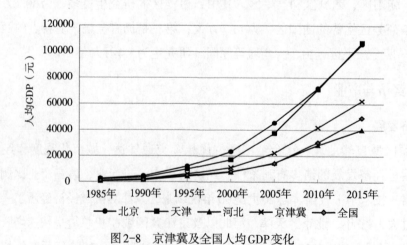

图2-8　京津冀及全国人均GDP变化

数据来源：国家统计局网站（http://www.stats.gov.cn/）。

---

① 按2016年的汇率换算。

由此可见，河北地域面积大、人口众多，GDP总量最大，但人均GDP远低于北京和天津，三地经济发展水平存在不平衡。从1985年至今，京津冀人均GDP总体呈现快速上升趋势，尤其是天津，年均增长量达13.84%。

为了衡量区域经济差异时空变化，本书对京津两市和河北地级市的人均GDP进行统计，采用标准差、极差两个指标反映区域差距。结果表明，京津两市遥遥领先于河北省各地级市，后者经济实力相对薄弱，与前两者形成巨大落差。

改革开放以来，京津冀各城市人均GDP的标准差呈现扩大趋势，表明区域经济的绝对差异逐年扩大，且1995年以后差异程度比以前更大。变异系数变化情况是浮动的，1995年之后变化态势比较稳定，变异系数为0.5~0.6（图2-9）。

从极差与极差比来看，改革开放以来，人均GDP的最高值均出现在北京，而河北省的张家口、承德、衡水、邢台、邯郸等北部和南部城市相对较低。1980—2015年，京津冀人均GDP的极差呈逐年递增的趋势，1995年之后增大幅度比较明显，这与总体变化趋势与标准差的变化非常吻合。

从极差比来看，先是下降，之后相对平稳，而2010—2015年突然增大（图2-10）。

可见，京津冀两极之间的绝对差异和相对差异仍然很大，尤其是2010—2015年，相对差异更加增大，区域发展不协调性进一步加大。

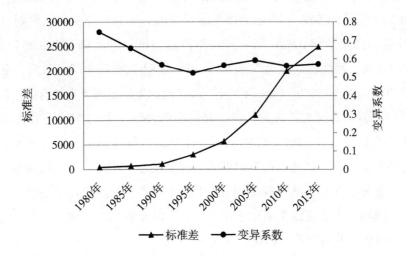

图2-9 京津冀人均GDP标准差、变异系数变化

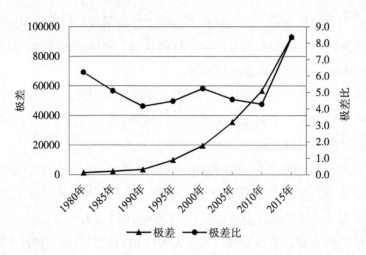

图2-10 京津冀人均GDP极差、极差比变化

2.产业发展

从产业结构看，北京属于第三产业支撑型，2016年第三产业比重占到80.23%，与2005年（69.60%）相比上升了10.63个百分点，并呈明显的高端化趋势；第二产业占比为19.26%，与2005年（29.10%）相比下降了9.84个百分点；第一产业所占比重逐渐下降，由2005年的1.30%下降至2016年的0.51%。10多年来，北京一直是"三二一"的发展格局。天津一直是典型的工业化城市，其发展由第二产业、第三产业共同拉动。第二产业所占比重由2005年的55.50%下降至2016年的44.75%；第三产业所占比重则由2005年的41.50%上升至2016年的54.02%；第一产业所占比重呈下降趋势，由2005年的3%下降至2016年的1.23%。河北作为我国农业大省，第一产业比重虽在缓慢降低，由2005年的14.00%降至2016年的10.98%，但一直大于10%，其比重明显高于京津两地；第二产业尽管在缓慢下降，但仍为河北的主导产业，其占比由2005年的52.70%下降为47.31%；第三产业呈现上升趋势，由2005年的33.40%上升为2016年的41.71%。由此可见，三地处于不同的经济发展阶段，产业结构存在明显的梯度差异，河北产业结构调整应作为京津冀协同发展的重要关注点。从投资结构看，北京第三产业的投资依然是最高，占比达到88%以上，天津第三产业投资要略高于第二产业。河北第二产业和第三产业投资基本持平，第二产业投资要略高于第三产业。

总的来看，北京第三产业经济最为发达，而天津正处于第二产业向第三产业转型的过渡阶段，河北依然以第二产业发展为主。从发展趋势看，天津对第三产业的重视程度正逐步提高；河北省第二产业和第三产业发展均呈现加快态势。但从投资增速看，河北对第二产业的投资重视程度要高于第三产业，未来的发展重点依然是第二产业。综合判断，北京已进入后工业化阶段，天津处于工业化阶段后期，而河北尚处于工业化阶段中期（田书华，2017）。

　　近年来，京津冀积极发展符合三地功能定位的相关产业。北京文化中心和科技创新中心建设稳步推进，2016年文化创意产业实现增加值3570.5亿元，比上年增长12.3%，占区域生产总值的比重达到13.91%；高技术产业增加值5646.7亿元，占地区生产总值的22%，中关村科技园区六大高新技术领域实现收入占园区总收入的七成以上。2016年，天津装备制造业和金融业发展较快，装备制造业增加值占规模以上工业的36.10%，拉动全市工业增长3.7个百分点，同比提高1.6个百分点，其中，航空航天、汽车制造、电气机械、专用设备等重点行业均实现两位数增长；金融业实现增加值1735.3亿元，增长9.1%，占区域生产总值的9.7%。河北超额完成钢铁、煤炭等行业去产能任务，同时不断推动产业结构升级，装备制造业占规模以上工业的比重达到26%，超过钢铁行业，成为工业第一支柱行业；高新技术产业占规模以上工业的比重为18.4%，比上年提高2.4个百分点；努力构建全国现代商贸物流重要基地，物流业实现增加值2636.2亿元，增长6.4%。

　　2016年，企业效益、效率不断提高。北京规模以上工业全员劳动生产率为37.3万元/人，比上年提高2.8万元/人；天津规模以上工业主营业务收入利润率为7.13%，高于全国平均水平1.16个百分点；河北规模以上工业企业实现利润2610.0亿元，比上年增长18.90%，主营业务收入利润率为5.59%，比上年提高0.69个百分点。

（四）科技资源

1.研究与开发机构资源

　　2015年，京津冀研究与开发机构数共528家，占全国总数的14.47%；研究与开发机构R&D经费投入2245.07亿元，占全国总投入的15.84%；研究与开发机构R&D人员数和R&D人员全时当量均占全国的30%左右；研究与开发机构R&D项目/课题数量达204929项（占全国15.71%）。从成果产出来看，京津冀研究与开发机构有效发明专利达31983件（占全国总量的37.03%），发表科技论文62194篇（占全国的36.59%），国家级获奖（第一承担单位或参与）数量占全国的68%（表2-3）。北京是国际论文数量最多的地区，国际合著论文数（第一作者）、社会科学国际论文数占本地区论文总数的比例分别为21.60%和28.50%；SCI论文数接近4万篇，居中国首位。同时，北京也是国际论文10年累计被引用篇数最多的地区。此外，北京的大型科学仪器设备资源非常丰富，占全国的比重超过了20%，其中800万元以上的仪器占到全国的1/3（王海峰，2014）。

表2-3　京津冀研发与开发机构相关指标统计表（2015年）

项　目	研究与开发机构数（个）	R&D经费投入（亿元）	R&D人员（人）	R&D人员全时当量（人年）	R&D项目/课题数（项）	有效发明专利（件）	发表科技论文（篇）	其中：国外发表（篇）
北京	389	1384.02	111272	97988	136969	28985	57061	19988
天津	60	510.18	10336	10063	37267	1783	2781	344
河北	79	350.87	9400	8757	30693	1215	2352	167
京津冀	528	2245.07	131008	116808	204929	31983	62194	20499
京津冀占全国的比例（%）	14.47	15.84	30.03	30.45	15.71	37.03	36.59	43.34

数据来源：中国科技统计年鉴（2016）。

京津冀研发与开发机构资源总量丰富，但分布极不平衡。从图2-11中可看出，北京无论从研究与开发机构、R&D人员、R&D投入、成果产出等方面处于绝对优势。70%以上的研究与开发机构分布在北京地区，50%以上的R&D经费投入、R&D人员数量以及90%以上的有效发明专利、论文等科技成果产出均在北京，区域差异十分显著。

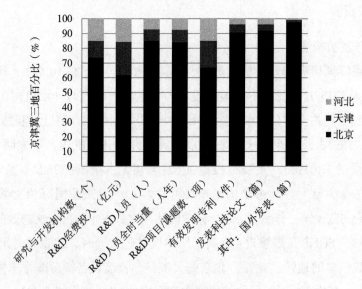

图2-11　2015年京津冀研究与开发机构资源百分比构成

2.科技投入和创新资源

京津冀科技投入和创新资源不平衡，科技创新梯度差异显著。2015年，从全社会研发经费支出占全国的比重来看，北京占9.60%，天津和河北分别占3.49%和2.39%；从研发经费投入强度来看，北京（6.01%）和天津（3.08%）均超过全国水平（2.07%），河北为1.18%，低于全国水平；北京技术市场成交额占全国的比重为35.10%，天津和河北分别是5.50%和0.40%，差距显著。从创新主体来看，截至2017年年底，国家级科技企业孵化器北京有55家、天津有38家、河北有26家；国家级众创空间北京有168家、天津有81家、河北有84家。科技型企业数量分别为49.3万家、9.7万家和5.5万家。北京科技型企业数量是天津的5倍、河北的9倍。作为新经济代表的独角兽企业北京有70家，天津有2家，河北没有。

3. 科技资源共享利用

近几年来，京津冀三地科技资源共享取得显著成效，尤其是三地区省（市）内物理资源的共享，仪器设备的开机率、使用效率都有大幅度提高。以北京的大型仪器为例，截至2012年年底，北京地区研究机构和高等院校中的大型科学仪器设备总量近1.18万台（套），占全国总量的24.5%。科技条件平台大幅度提高了仪器的利用率（王海峰，2014），大型协作网仪器从原来的不足30%提高到71.4%。

京津冀物理资源省（市）际间的共享范围与合作程度也取得成效。2014年8月，京津冀三地签署了《京津冀协同创新发展战略研究和基础研究合作框架协议》，在战略研究层面，着力搭建协同创新战略研究平台；在基础研究层面，加快推动科技资源流动，实现基础研究项目成果的开放共享；整合京津冀重点实验室等创新资源，搭建科研人员交流与合作平台。2015年，为强化联合研发和协同创新，河北省引进京津优质科技创新平台和高端仪器设备服务河北，还推动建立京津冀科技创新平台联盟和京津冀大型科学仪器设备资源共享联盟，旨在实现"河北省大型科学仪器资源共享服务联盟""首都科技条件平台""天津市仪器共享服务平台（科服网）"互联互通和相关资源共享共用。

目前，三地的大型仪器设备共享、人才交流、科技合作交流、科技数据资源共享等方面的步伐逐渐加快，对科技研发的推进作用正在显现，为京津冀的人才培养、科学研究等创新提供了重要的物质保障。但科技资源浪费与供给不足的现象依然并存，实现京津冀三地科技资源的全面共享、进一步提高三地共享效率，还需要解决很多问题。比如，地区间科技资源共享理念有待于加强；省（市）际科技资源共享的深度与广度离预期目标存在较大的差距；科学数据资源缺乏有效的整理和建库，数据标准化和规范化方面存在诸多问题，三地统一的技术规范尚未建立；科技资源浪费，科技数据资源大多为部门所拥有，各部门之间缺乏相互交流与沟通；相应的制度保障尚有欠缺。

第三章　京津冀区域资源与环境现状

本章提示：内容包括京津冀区域资源与环境发展基础，区域资源及利用现状、环境污染与生态保护现状，存在问题及原因。

一、京津冀区域资源与环境发展基础

京津冀地区以西北山地、东南平原、东部海域为基本组成。京津冀地处中纬度地带，气候具有明显的暖温带、半湿润大陆性季风气候特征，这些对该区域内的资源环境要素具有深刻的影响。由于受燕山、太行山和内蒙古高原的影响，地势呈西北高、东南低的特征，区域内部的自然地理要素较为齐全：山地、高原、丘陵、平原、盆地、湖泊、海洋等都有。其中，平原面积为74946平方千米，占全区域总面积的34.70%，远高于全国11.98%的平均水平。

根据京津冀地区自然地理基本要素特征，该地域可分为山区、平原、海域三大地域单元，京津冀地区主要地形区划如图3-1所示。其中，山区包含高原、山地、盆地等地理要素。

图3-1　京津冀地区主要地形区划

（一）以生态涵养为基本功能的山区

山区是整个京津冀的生态屏障，无论是在防风固沙上还是在涵养水源上都具有重要地位和作用。京津冀地区位于太行山、燕山山脉脚下的海河平原，其西面、北面、东北面三面环山，呈簸箕状。这种独特的地形地貌特征对于防风固沙有着不可代替的重要作用，其作用要么削减要么放大。若山区植被保护得当，能够有效提升森林覆盖率和森林生态服务能力，便可以很好地阻挡来自北部和西部的沙尘。相反，山区的植被一旦遭受破坏，加上北部又是坝上高原区，那么这些山体非但不能有效阻挡沙尘，反而还具有放大作用，累加沙尘量。

同样，山区在涵养水源上具有不可替代的重要作用。一方面，受西太平洋副热带高压影响，夏季来自海上的偏南风和偏东风为京津冀地区带来了丰沛的降水，夏季的降雨量占到全年的近70%（刘燚，2010）。而京津冀地区特殊的簸箕状环形山脉地形，导致太行山及燕山，尤其是燕山山前迎风坡成为该地区重要的降雨区。在历年平均降雨量分布中，降水中心均出现在燕山及太行山山前迎风坡及东南部和沿海地区。另一方面，由于靠近渤海，且海岸线与夏季自海上吹来的东南季风垂直，可接纳大量水分；同时燕山以南的山脉走向正对东南季风的潮湿气流，这样的地形条件加强了降水程度（张建，2009）。可以看出，京津冀的山区是该区域重要的降水区。由于降水是径流量的重要来源，山区多降雨量特征导致山区的天然径流量要远高于平原地区。如果山区能够很好地保持水土，将极大地有利于整个区域河流含沙量的降低。另外，京津冀地区的地貌从总体看以基岩裸露和第四纪松散物质覆盖为主，地下水类型均属松散堆积层隙水，降水是其重要的补给来源，这也导致该地区山区在地下水资源量及水资源总量具有相对较大的规模。

京津冀山区还担负着整个区域的供水任务。长期以来，张承地区担负着为北京、天津保水源、阻沙源的重任。供应北京的官厅水库和主要供应天津、唐山的潘家口水库，库区大部分面积位于该地区，这两个水库与北京的密云水库一起共同保障着北京市80%、天津市90%的工农业生产和生活用水。

从山区森林植被来看，近百年京津冀山区森林植被遭到严重破坏。据历史记载，该地区曾分布着茂密的森林，元代开始大规模砍伐西山及永定河上游森林。明代中期以后，森林遭到更大规模的砍伐和焚毁，原始林破坏殆尽。逐渐地，京津冀地区原始森林演化为天然次生林，有的地区已演化为灌草丛，逐渐成为少林地区，随之水土流失加剧，生物多样性减少。以北京为例，到1949年北京市仅有残次林21630公顷，森林覆盖率仅为1.30%，63%的山地岩石裸露，荒沙严重。新中国成立后，在中央和北京市的高度重视下，造林速度加快，森林资源状况有了改善。20世纪80年代之后，尤其近20~30年，北京山区人工造林面积不断增多，山区森林覆盖率由80年代初的10.70%扩大至目前的51.75%。尽管森林覆盖率大大提高，但多为近几十年新栽植的针叶中幼林，原始次生林面积小，均退缩到边缘地带。

总之，京津冀地区森林资源总量不足，森林生态系统结构单一，水土流失还较严重，生态涵养能力及生态服务功能有待于提高。

（二）以生产生活为基本功能的平原地区

平原地区是人类集聚和城市发展的主要区域。京津冀地区平原占34.70%，这近1/3的地域承载着区域大多数人口。京津冀是我国重要的社会经济活动集聚区之一。2017年，该区域承载人口1.12亿人，创造地区生产总值82560亿元。该区域以2%左右的国土面积，承载了全国8%左右的人口，创造了10%的经济总产值，对国民经济和社会发展做出了突出的贡献。

自古以来，京津冀地区就是人口经济活动的重要集聚地，该区域的建设发展对于自然生态的压力也一直较为突出。2017年，京津冀地区人口密度为521人/平方千米，是全国人口密度的3倍多。其中主要为平原区域的天津市超过1300人/平方千米，是全国的7倍多。北京和天津均进入2017年全国主要城市人口密度排名前十。

另外，除北京外，河北、天津的第二产业分别为44.75%和47.31%（2016年），呈现工业为主的基本格局，而工业又是对自然环境破坏力较高的产业。京津冀区域经济社会发展对于自然生态环境提出了严峻的挑战。

（三）以生产生活的拓展和承载为基本功能的海域

京津冀濒临渤海，有长达640千米的海岸线，其中天津153千米、河北487千米。渤海的天津段和河北段都是高度开发利用的地区。京津冀的海域是该地区生产生活的重要拓展地，天津港、黄骅港、唐山港等都是北方地区重要的港口，在640千米的海岸线上集中了海洋化工、物流、滩涂养殖、浅海油气矿产资源开发、旅游、盐业等多种经济活动。另外，唐山曹妃甸新区、天津滨海新区、沧州渤海新区等是经济和人口活动的重要集聚地。可见，京津冀海域系统作为生产生活的拓展地，承载了不少经济社会功能。从生态环境角度来看，渤海是全球11个典型的封闭海之一，海水交换能力较弱，海水的自净能力有限。结合该区域高度的开发特征，人类生产生活对于海域系统的压力较大。

二、京津冀区域资源与环境现状分析

（一）京津冀区域资源及其利用现状

在京津冀目前的资源问题中，总量矛盾与结构性矛盾十分突出，对外依存度增加，自主回旋余地受到一定限制。

1.资源储量及人均拥有量

京津冀地区拥有的资源包括水资源、土地资源、能源矿产、非能源矿产、森林资源等。

（1）水资源

2015年，京津冀地区水资源总量为174.7亿立方米。其中，北京、天津和河北分别为26.8亿立方米、12.8亿立方米和135.1亿立方米，分别占京津冀水资源总量的15.34%、7.33%和77.33%，而京津冀水资源总量仅占全国的0.62%。京津冀地区地表水资源量68.9亿平方米，地下水资源量139.1亿平方米，地表水与地下水资源重复量33.3亿平方米。

从人均水资源量来看，北京、天津和河北分别为124.0立方米、83.6立方米和182.5立方米，京津冀人均水资源量为156.8立方米，约占全国人均水资源量的1/13，加上流动人口，实际人均水资源量还低于上述统计数据。按照国际公认的标准，人均水资源低于3000立方米为轻度缺水；人均水资源低于2000立方米为中度缺水；人均水资源低于1000立方米为重度缺水；人均水资源低于500立方米为极度缺水（表3-1）。京津冀是中国严重缺水的地区之一，远远小于国际公认的极度缺水指标极限。

表3-1　2015年京津冀地区水资源情况

项　　目	水资源总量（亿立方米）	三地占京津冀的比例（%）	地表水资源量（亿立方米）	三地占京津冀的比例（%）	地下水资源量（亿立方米）	三地占京津冀的比例（%）	地表水与地下水资源重复量（亿立方米）	人均水资源量（立方米）
北京	26.8	15.34	9.3	13.5	20.6	14.8	3.1	124.0
天津	12.8	7.33	8.7	12.6	4.9	3.5	0.8	83.6
河北	135.1	77.33	50.9	73.9	113.6	81.7	29.4	182.5
京津冀	174.7	100	68.9	100	139.1	100	33.3	156.8
全国	27962.6	—	26900.8	—	7797.0	—	6735.2	2039.2
京津冀占全国的比例（%）	0.62	—	0.26	—	1.8	—	—	—

数据来源：中国统计年鉴（2016）。

（2）土地资源

近10年间，北京的耕地面积逐年下降，从2005年的233.4千公顷到2015年的219.3千公顷，减少了14.1千公顷，平均每年减少1.41千公顷。天津的耕地面积从2005年的412千公顷到2015年的437.2千公顷，增加了25.2千公顷，平均每年增加2.52千公顷。河北的耕地面积2005—2008年呈减少趋势，到2009年突然增多，出现近10年来的最高值6561.4千公顷，之后一直有下降趋势。总的来说，河北的耕地面积有所增加，从2005年的6396.3千公顷到2015年的6525.5千公顷，增加了129.2千公顷。京津冀地区耕地面积变化与河北一致，从2005年的7041.7千公顷增至2015年的7182千公顷，增加了140.3千公顷（图3-2）。从耕地的分布情况来看（2015年），河北占京津冀耕地总面积的90.86%，天津占6.08%，北京最小，占3.06%。

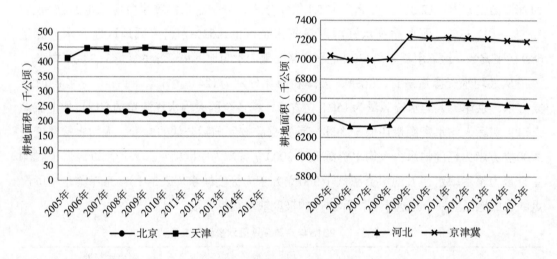

图3-2　京津冀耕地面积变化

数据来源：北京统计年鉴（2016）、天津统计年鉴（2006—2016）、河北统计年鉴（2016）。

从人均耕地面积来看（图3-3），北京、天津和河北呈现逐年下降趋势。2015年，北京人均耕地面积0.152亩（1公顷＝15亩），较2005年（0.228亩）减少了33.33%，北京在京津冀三地中人均耕地面积最小，仅相当于全国人均耕地面积（1.473亩）的1/10。天津人均耕地面积从2005年的0.593亩减少至2015年的0.424亩，减少了28.50%，仅相当于全国人均耕地面积的1/5。河北的人均耕地面积是三地中最大的，2015年为1.318亩，较2005年（1.400亩）减少了5.86%，但仍然低于全国的人均耕地水平。2015年，京津冀地区人均耕地面积为0.969亩，比全国人均耕地面积少0.504亩，较2005年（1.120亩）减少了13.48%。总的来说，京津冀地区耕地资源严重缺乏，总体呈现下降趋势。

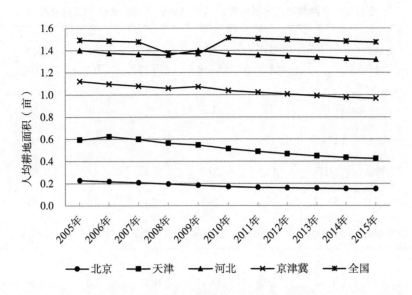

图3-3　京津冀及全国人均耕地面积变化

数据来源：人均耕地面积=耕地面积/人口总数，根据表2-2与图3-2计算。

（3）矿产资源

京津冀地区矿产资源较丰富，其中，河北省是全国矿产资源大省。目前已发现各类矿产100多种，煤炭、石油、天然气等石化能源资源也较丰富，这些为京津冀建设大型钢铁、建材、化工等综合工业基地和发展煤化工、盐化工、油化工提供了良好的基础。

京津冀地区在煤、石油、天然气方面均有一定储量。2015年，京津冀煤炭储量49.4亿吨，占全国煤炭储量的2.02%。其中，河北42.5亿吨，占京津冀总量的86.03%；其次是北京，为3.9亿吨，占7.90%；天津为3.0亿吨，占6.07%。京津冀石油储量为29427.8万吨，占全国石油储量的8.42%。其中，河北为26422.2万吨，占京津冀总量的89.79%；天津为3005.6万吨，占京津冀总量的10.21%。京津冀天然气储量为591.3亿立方米，占全国天然气储量的1.14%。其中，河北为317亿立方米，占京津冀总量的53.61%；天津为274.3亿立方米，占京津冀总量的46.39%；北京没有石油和天然气储备量（表3-2）。

从人均拥有量来看，京津冀地区煤炭人均拥有量为44.33吨，仅相当于全国人均的1/4；石油人均拥有量为2.64吨，高于全国人均拥有量（2.54吨）；天然气人均拥有量为530.67立方米，仅相当于全国人均的1/7。除了石油人均拥有量之外，煤炭和天然气的人均拥有量均远低于全国水平（表3-3）。

铁矿、锰矿、铬矿、钒矿、原生钛铁矿等非能源矿产也有少量的储量，钒矿在天津有分布，其他的均在河北分布，但总量及人均拥有量很少。

表3-2　京津冀地区主要能源、黑色金属矿产基础储量（2015年）

项　目	石油（万吨）	天然气（亿立方米）	煤炭（亿吨）	铁矿（亿吨）	锰矿（万吨）	铬矿（万吨）	钒矿（万吨）	原生钛铁矿（万吨）
北京	0	0	3.9	1.5	0	0	0	0
天津	3005.6	274.3	3	0	0	0	10	0
河北	26422.2	317	42.5	27.3	7.1	4.6	0	275.3
京津冀	29427.8	591.3	49.4	28.8	7.1	4.6	10	275.3
全国	349610.7	51939.5	2440.1	207.6	27626.2	419.8	887.3	21434
京津冀占全国的比例（%）	8.42	1.14	2.02	13.87	0.03	1.1	1.13	1.28

数据来源：河北统计年鉴（2016）、中国统计年鉴（2016）。

表3-3　京津冀及全国主要能源、黑色金属矿产人均拥有量（2015年）

项　目	石油（吨）	天然气（立方米）	煤炭（吨）	铁矿（吨）	锰矿（吨）	铬矿（吨）	钒矿（吨）	原生钛铁矿（吨）
京津冀人均拥有量	2.64	530.67	44.33	25.85	0.0006	0.0004	0.0009	0.02
全国人均拥有量	2.54	3778.46	177.51	15.1	0.2	0.003	0.01	0.16

数据来源：河北统计年鉴（2016）、中国统计年鉴（2016）。

（4）森林与湿地资源

2000—2015年，京津冀地区的林业用地面积、森林面积、人工林面积、活立木总蓄积量、森林蓄积量等指标均呈现上升趋势（图3-4）。尤其是活立木总蓄积量和森林蓄积量上升幅度较大，这说明京津冀森林资源总规模和水平逐渐提升。比较北京、天津、河三地得出，2015年河北的森林资源总量最大，约占京津冀的85%以上，其次是北京，天津最少。2015年，京津冀地区的森林资源各项指标占全国的比例分别是，林业用地面积2.67%、森林面积2.45%、人工林面积3.87%，而京津冀地区活立木总蓄积量和森林蓄积量占全国总量的比例很少，仅为0.93%和0.83%（图3-5）。

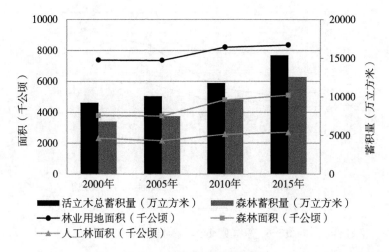

图3-4 京津冀森林资源变化

数据来源：第八次全国森林资源清查（2009—2013）、北京年鉴（2016）。

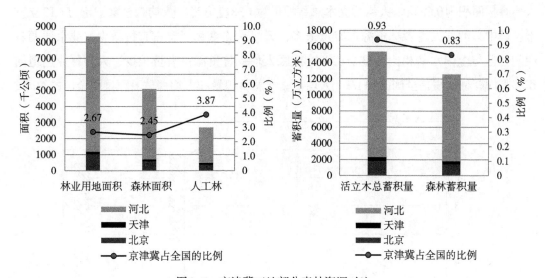

图3-5 京津冀三地部分森林资源对比

数据来源：河北统计年鉴（2016）。

北京、天津、河北以及京津冀地区的森林覆盖率在2000—2015年大体呈现上升趋势（图3-6）。其中，北京的森林覆盖率提高最快，其增值也最高，从2000年的18.93%上升到2015年的35.84%，增加了16.91%，均高于全国水平。天津的森林覆盖率增加幅度最小，2015年森林覆盖率为9.87%，较2000年相比仅增加2.4%，低于全国水平。河北和京津冀地区的森林覆盖率比较接近，2015年均超过了20%，高于全国水平。与发达国家或地区相比，京津冀地区森林资源平均水平仍然较低，区域差异较大。

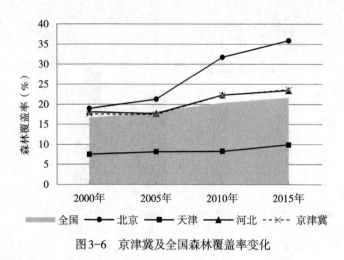

图3-6　京津冀及全国森林覆盖率变化

数据来源：中国统计年鉴（2001、2006、2011、2016）。

　　从人均森林资源占有量来看（图3-7），2015年京津冀人均林业用地面积为1.12亩、人均森林面积为0.69亩、人均活立木总蓄积量为1.38立方米、人均森林蓄积量为1.13立方米。其中，河北人均森林资源占有量最多，天津人均森林资源占有量最少，北京居两者中间，但与全国水平相比，整个京津冀地区人均森林资源占有量很少，人均林业用地面积和人均森林面积是全国的约1/3，人均活立木总蓄积量和人均森林蓄积量是全国的1/10。

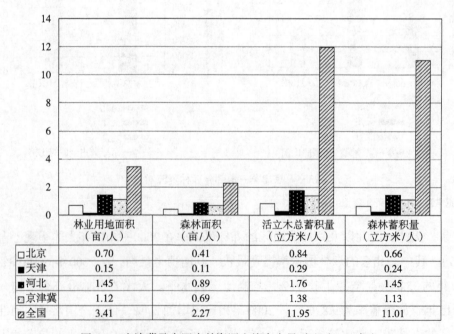

	林业用地面积 （亩/人）	森林面积 （亩/人）	活立木总蓄积量 （立方米/人）	森林蓄积量 （立方米/人）
□北京	0.70	0.41	0.84	0.66
■天津	0.15	0.11	0.29	0.24
■河北	1.45	0.89	1.76	1.45
□京津冀	1.12	0.69	1.38	1.13
▨全国	3.41	2.27	11.95	11.01

图3-7　京津冀及全国森林资源人均占有量对比（2015年）

数据来源：河北统计年鉴（2016）。

从湿地资源来看，京津冀各类湿地面积共124.2万公顷，占京津冀总面积的5.75%。其中，河北湿地面积最大，为94.19万公顷，占辖区面积的5.02%；其次是天津，湿地面积达24.87万公顷，占辖区面积的20.87%；北京湿地面积最小，为5.14万公顷，占辖区面积的3.13%。可见，约3/4的湿地资源集中在河北地区。与新中国成立之初相比，京津冀地区湿地资源减少了一半多，且面临严重的污染威胁（张贵，2017）。

2.资源生产

资源生产主要包括能源生产和各种矿石生产。伴随工业化进程和生产技术的进步，京津冀地区资源生产能力，即资源生产产量，有了明显的提高。

对于整个京津冀而言，能源生产总量显著提高，从2000年的7364.9万吨标准煤提高到2014年的12041.7万吨标准煤，增加了63.50%。京津冀能源生产总量占全国总量的比例总体呈下降趋势，从2000年的5.31%降至2014年的3.33%（图3-8）。

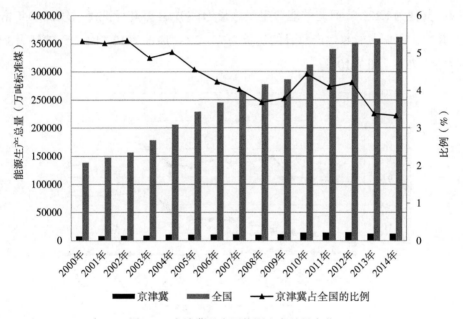

图3-8 京津冀及全国能源生产总量变化

数据来源：河北统计年鉴（2016）、中国能源统计年鉴（2015）。

从地区来看，2014年，河北的能源生产总量最多，为6801.01万吨标准煤，占京津冀的56.48%；其次是天津，为4726.73万吨标准煤，占京津冀的39.25%；北京能源生产总量最少，仅为514.00万吨标准煤，仅占京津冀的4.27%（图3-9）。

从具体的能源类型来看，2014年，北京的一次能源生产总量514.00万吨标准煤，较2000年能源生产总量有所下降，下降了2.00%，10多年来基本处于平稳状态。其中，原

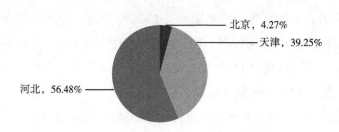

图3-9　京津冀能源生产总量地区占比

数据来源：河北统计年鉴（2015）。

煤占能源生产总量的比重为89.00%，其他11.00%，一次能源生产总量有所下降；但汽油、煤油、柴油等二次能源生产总量逐年增多，2014年达到3333.20万吨标准煤，比2000年增加了20.22%。天津的能源生产总量达到4726.73万吨标准煤，较2000年，能源生产总量有了显著提高，翻了两番。其中，原油占能源生产总量的比重为92.93%，天然气为5.95%，其他为1.12%。河北的能源生产总量为6801.01万吨标准煤，较2000年增加了20.6%。其中，原煤占能源生产总量的比重为75.42%、原油为12.44%、天然气为3.42%、一次电力为8.72%（图3-10）。

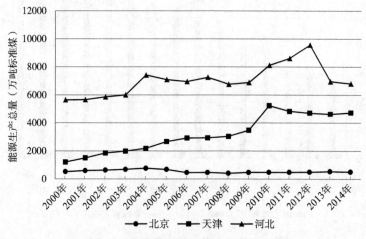

图3-10　京津冀三地能源生产总量变化

数据来源：河北统计年鉴（2015）。

从人均能源生产量来看（图3-11），2000—2012年，京津冀人均能源生产量总体呈上升趋势，2012年之后开始下降，但总体是增长的。2014年京津冀人均能源生产量为1089.5千克标准煤，较2000年增长了63.51%，且不到全国的一半。其中，北京的人均能源生产量最低，2014年仅为239.0千克标准煤，2000—2014年，北京的人均能源生产量平均值为254.8千克标准煤，远低于全国水平；天津的人均能源生产量最多，且逐年增多，从2000年的792.3千克标准煤增加至2014年的3115.8千克标准煤，翻了两番，超过了全国水平；河北人均能源生产量与京津冀地区差不多，2014年达到921.0千克标准煤，较2000年增长了20.60%，但低于全国水平。

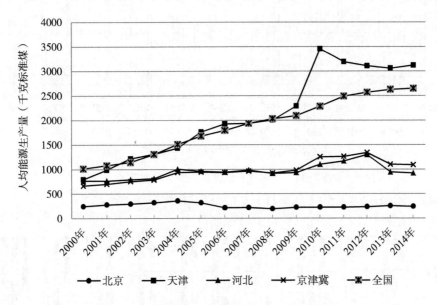

图3-11　京津冀及全国人均能源生产量变化

数据来源：河北统计年鉴（2016）、中国统计年鉴（2016）。

3.资源消耗

资源消耗主要包括水资源的消耗、能源的消耗等方面。

（1）水资源消耗

从供用水看，过去10年间，京津冀地区的供用水总量较稳定，平均每年约250亿立方米。其中，河北的供用水总量约占整个京津冀地区总量的3/4。从供水来源来看，北京地区50%以上来自地下水，天津地区70%来自地表水，河北地区80%来自地下水，而整个京津冀地区60%~70%来自地下水，这说明地下水消耗量依然很大（图3-12）。从用水总量来看，2015年京津冀地区的农业用水占61%、生产用水占13%、生活用水占19%、生态用水占7%。与2005年相比，农业用水有所减少，生活用水和生态用水有所增加。近10年来，北京的农业用水和生产用水占总量的比例明显减少，农业用水比例从2005年的37%降至2015年的17%，生产用水比例从20%降至10%；而生活用水比例从2005年的40%增至2015年的46%；生态用水比例增加幅度较大，从2005年的3%增至2015年的27%，增加了24个百分点。天津农业用水占总量的比例下降了11个百分点（从60%降至49%），生产用水和生态用水比例有所增加，分别从19%增至21%、从2%增至11%

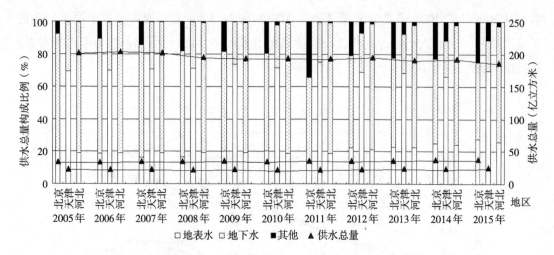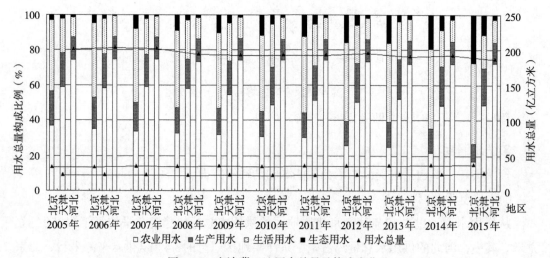

图3-12 京津冀三地供水总量及构成变化

数据来源：北京统计年鉴（2016）、天津统计年鉴（2016）、河北统计年鉴（2016）。

图3-13 京津冀三地用水总量及构成变化

数据来源：北京统计年鉴（2016）、天津统计年鉴（2016）、河北统计年鉴（2016）。

（图3-13）。整个京津冀地区农业用水和生产用水的比例有所下降，生活用水和生态用水的比例有所增加（图3-14）。

从人均用水量来看（图3-15），2005—2015年，北京、天津、河北三地的人均用水量均呈下降趋势，其中，河北的人均用水量最多，天津最少。2015年，河北的人均用水量为252.8立方米，较2005年减少14.42%；北京和天津的人均用水量分别为176.8立方米和167.8立方米，较2005年分别减少21.42%和24.41%。京津冀人均用水量也呈下降趋势，从2005年的275.0立方米降至2015年的225.4立方米，减少了18.04%。与全国的人

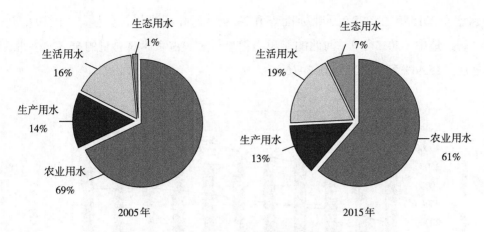

图3-14 2005年与2015年京津冀地区用水构成对比

数据来源：北京统计年鉴（2016）、天津统计年鉴（2016）、河北统计年鉴（2016）。

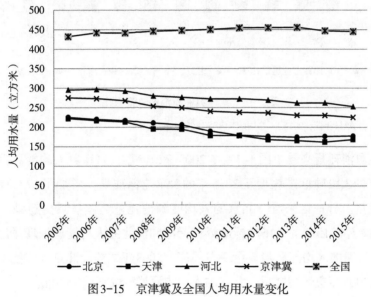

图3-15 京津冀及全国人均用水量变化

数据来源：河北统计年鉴（2016）、中国统计年鉴（2016）。

均用水量相比，北京、天津、河北以及整个京津冀地区均低于全国水平。

（2）能源消耗

京津冀能源消耗总量较大，且逐年增加。2015年，京津冀能源消耗达到44326.0万吨标准煤，较2005年总量增加了50.55%。京津冀能源消耗占全国总量的比例为10%~12%。

分地区能源消耗情况是，北京、天津和河北的能源消耗量均逐年增加，其中，北京的能源消耗量从2005年的5521.9万吨标准煤增至2015年的6852.6万吨标准煤，增加了24.10%。天津和河北增幅较大，从2005年的4084.6万吨标准煤和19836.0万吨标准煤分别增至2015年的8078.0万吨标准煤和29395.4万吨标准煤，分别增加了97.77%和48.19%。三地中（2015年），河北的能源消耗量最大，占京津冀总量的66.32%，北京和天津分别占15.46%和18.22%（图3-16）。

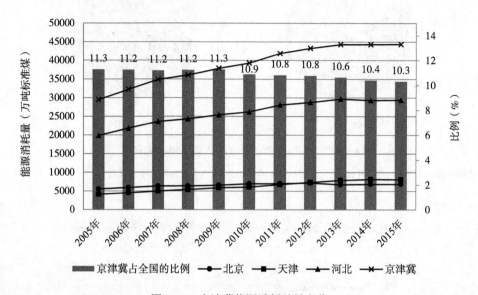

图3-16　京津冀能源消耗总量变化

数据来源：河北统计年鉴（2016）、中国统计年鉴（2016）。

从人均能源消耗量来看（图3-17），2005—2015年，京津冀人均能源消耗量逐年增多，从2005年的3.12吨标准煤增至2015年的3.98吨标准煤，增加了27.56%，高于全国人均能源消耗量。分地区来看，北京的人均能源消耗量整体呈减少趋势，从2005年的3.59吨标准煤降至2015年的3.16吨标准煤；天津和河北的人均能源消耗量逐年增加。京津冀三地中，天津的人均能源消耗量一直最高；2008年之前，北京人均能源消耗量要高于河北，但从2008年奥运会之后，北京的人均能源消耗量则低于河北。

4.资源利用效率

资源利用效率可以说明经济产出与资源消耗的关系。按照不同资源类别，可以构建不同的资源利用效率指标，如万元GDP用水量、万元GDP能耗等。

（1）水资源利用效率

2005—2015年，京津冀万元GDP用水量逐年减少（图3-18），从2005年的124.19立方米减少至36.23立方米，减少了70.83%，是全国水平的约1/3。从分地区来看，北京、天津、河北的万元GDP用水量同样逐年下降，均低于全国水平。其中，河北万元GDP用水量最多，是北京和天津的约4倍，北京和天津万元GDP用水量则比较接近，分别为

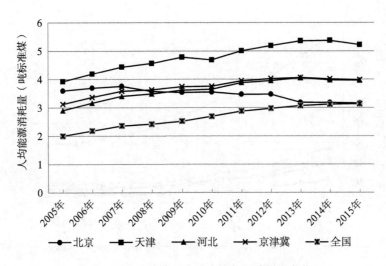

图3-17 京津冀及全国人均能源消耗量变化

数据来源：中国能源统计年鉴（2016）、人均能源消耗量=能源消耗总量/人口总数。

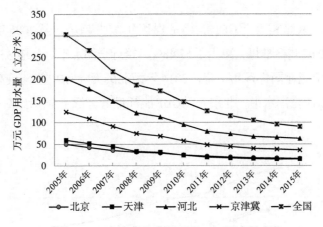

图3-18 京津冀及全国万元GDP用水量变化

数据来源：河北统计年鉴（2016）、中国统计年鉴（2016）。

16.63立方米和15.54立方米。

（2）万元工业增加值用水量

2005—2015年，京津冀万元工业增加值用水量逐年减少，从2005年的44.21立方米减少至13.58立方米，减少了69.28%，是全国水平的约1/4。从分地区来看，北京、天津、河北的万元工业增加值用水量也是逐年下降，远低于全国水平。其中，河北万元工业增加值用水量最多，其次是北京，天津最少（图3-19）。

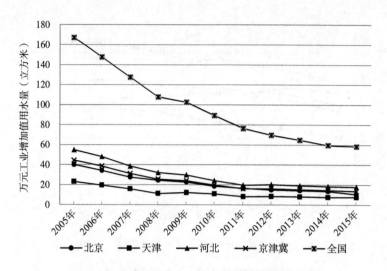

图 3-19　京津冀及全国万元工业增加值用水量变化

数据来源：河北统计年鉴（2016）、中国统计年鉴（2016）。

（3）万元GDP能耗

2005—2014年，京津冀万元GDP能耗呈现逐年减少趋势，从2005年的1.41吨标准煤减少至2014年的0.67吨标准煤，减少了52.48%，接近全国水平。分地区来看，北京、天津、河北的万元GDP能耗同样逐年下降。2014年河北的万元GDP能耗最高，高于全国水平；其次是天津，低于全国水平；北京万元GDP能耗最低，低于全国水平（图3-20）。

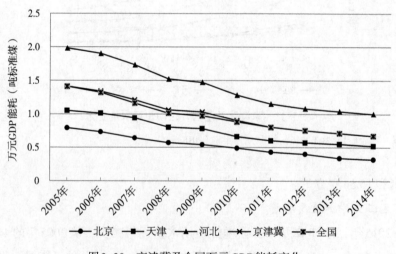

图 3-20　京津冀及全国万元GDP能耗变化

数据来源：河北统计年鉴（2016）、中国统计年鉴（2015）、中国能源统计年鉴（2015）。

（4）万元工业增加值能耗

2005—2014年，京津冀万元工业增加值能耗呈现逐年减少趋势，从2005年的2.51吨标准煤减少至1.26吨标准煤，减少了50%，略低于全国水平。分地区来看，北京、天津、河北的万元工业增加值能耗同样逐年下降，北京、天津和河北的年平均递减率分别为13.17%、5.19%和7.83%。其中，河北万元工业增加值能耗最高，远高于全国水平；2009年之前，天津的万元工业增加值能耗低于北京，但2009年之后，天津的万元工业增加值能耗逐渐高于北京；京、津两地万元工业增加值能耗均低于全国水平（图3-21）。

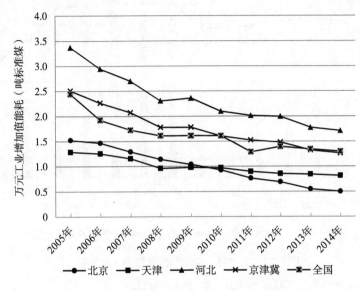

图3-21　京津冀及全国万元工业增加值能耗变化

数据来源：中国统计年鉴（2015）、中国能源统计年鉴（2015）。

（二）京津冀区域环境污染与生态保护现状

1.污染物排放

向环境系统排放的污染物主要包括废水、废气和固体废弃物。2014年，京津冀地区废水排放总量为54.99亿吨，占全国总量的7.68%。其中，工业排放量为10.56亿吨（19.20%），生活排放量为44.43亿吨（80.80%）。相比2005年（35.74亿吨），京津冀废水排放总量增多了19.25万吨，增长了53.86%[①]。从2014年三地的排放情况来看，河北的废水排放量最大，占56.30%；其次是北京，占27.50%；天津占16.20%。

从化学需氧量排放量来看（图3-22），2005—2010年，京津冀化学需氧量的排放量有下降趋势，但到了2011年突然猛增，翻了一番，达到181.80万吨。之后又处于下降趋势，到2016年京津冀化学需氧量排放量突然减少，成为10多年来排放最低的一年，这与

---

① 数据来源：2005年、2015年北京市环境状况公报、天津市环境状况公报和河北省环境状况公报。

国家环境治理力度的加强有着密切关系。2016年京津冀化学需氧量达60.16万吨，占全国总排放量的5.75%。分地区来看，河北的化学需氧量的排放量最大，占整个京津冀的68.35%。

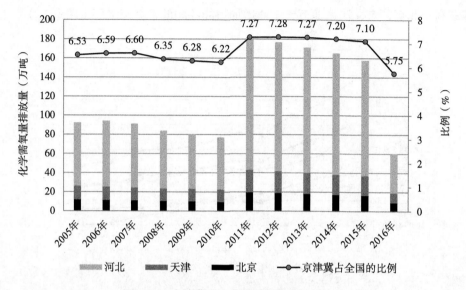

图3-22　京津冀三地化学需氧量排放量变化

数据来源：河北统计年鉴（2016）、中国统计年鉴（2016—2017）。

2016年，京津冀地区的细颗粒物（PM$_{2.5}$）平均浓度为71微克/立方米，同比下降7.8%，与2013年相比下降33%。其中，北京为73微克/立方米，同比下降9.9%，与2013年相比下降18%；天津为69微克/立方米，与2013年相比，下降28.1%；河北的细颗粒物（PM$_{2.5}$）平均浓度为70微克/立方米，同比下降9.1%。

废气方面，以二氧化硫、氮氧化物为例，近10年来京津冀地区二氧化硫、氮氧化物排放量上下波动，但总体呈下降趋势。2016年，京津冀地区二氧化硫排放总量为89.32万吨，占全国排放总量的8.10%，较2005年二氧化硫排放量减少了53.62%。其中，河北排放量最多，为78.94万吨，占京津冀排放总量的88.38%；天津为7.06万吨，占排放总量的7.90%；北京最少，为3.32万吨，占排放总量的3.72%（图3-23）。

如图3-24所示，2011—2016年，京津冀地区氮氧化物排放量呈下降趋势。2016年，京津冀地区氮氧化物排放总量为136.7万吨，占全国排放总量的9.81%，较2011年，氮氧化物排放量降低了41.77%。其中，河北排放量最多，为112.66万吨，占京津冀排放总量的82.39%；天津为14.47万吨，占京津冀排放总量的10.58%；北京最少，为9.61万吨，占京津冀排放总量的7.03%。

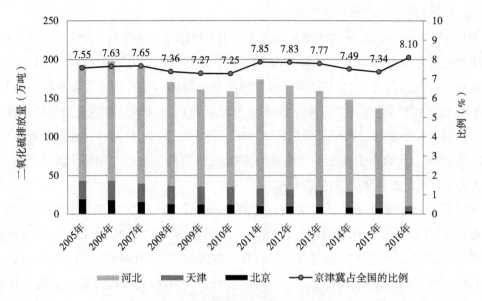

图3-23　京津冀三地二氧化硫排放量变化

数据来源：河北统计年鉴（2016）、中国统计年鉴（2016—2017）。

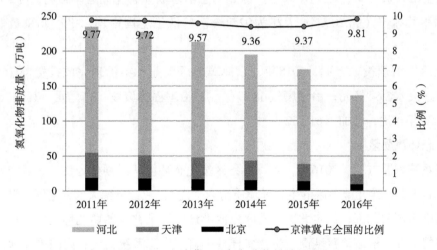

图3-24　京津冀三地氮氧化物排放量变化

数据来源：中国统计年鉴（2012—2017）。

固体废弃物方面，2015年，京津冀地区工业固体废弃物排放量约3.76亿吨，较2009年增加了52.20%。其中，河北排放量最多，为3.54亿吨，占京津冀排放总量的94.15%；天津其次，占京津冀排放总量的4.11%；北京最少，占京津冀排放总量的1.74%。

2.环境治理

环境治理主要体现在两个方面，一是环境治理已取得的成就，即废弃物和排放物去除情况；二是为环境治理所付出的投入。

2015年，河北一般工业固体废弃物处置量为1.47亿吨，综合利用量为1.99亿吨；危险废物产生量为58.17万吨，处置量为21.52万吨，综合利用量为36.32万吨；天津工业固体废弃物综合利用量为1523.97万吨，综合利用率达到99.00%，工业危险废物产生量为21.6万吨，综合利用量为10.70万吨，无害化处理量为10.10万吨，实现危险废物零排放；北京工业固体废弃物综合利用量为548.52万吨，处置量为118.41万吨，处置利用率达到100%。2015年，北京市工业企业产生危险废物12.38万吨，综合利用量为4.56万吨，处置量为7.82万吨，处置利用率达到100%。

2016年，京津冀地区生活垃圾清运量共1666.9万吨，较2006年（1371.6万吨）相比，增加了21.53%。其中，北京为790.3万吨，天津为240.7万吨，河北为635.9万吨。京津冀生活垃圾无害化处理能力56885吨/日，较2006年（27198吨/日）相比，翻了一番。其中，北京的处理能力最大，为23821吨/日；河北为22864吨/日，天津为10200吨/日。京津冀生活垃圾无害化处理量为1456.1万吨，与2006年（948.9万吨）相比，增加了53.45%。其中，北京的无害化处理量为622.4万吨，河北为610.5万吨，天津为223.2万吨。从生活垃圾无害化处理率来看，河北的生活垃圾无害化处理率最高，为96.00%，大于全国平均水平（94.10%）；天津为92.70%，略低于全国平均水平；北京最低，仅78.80%。

环境污染治理投入方面，2015年，京津冀地区工业污染治理完成投资88.16亿元，其中，治理废水2.64亿元，治理废气68.47亿元，治理固体废物0.37亿元，其他16.68亿元。与2005年相比，增加了61.26%。

3.生态环境质量

生态系统状况方面，2016年，京津冀各区按生态环境状况划分为良、一般和差三个等级。总的来看，西北部山区的生态环境质量为"优"，包括承德大部分地区、秦皇岛北部、张家口东部和北部、保定北部、石家庄西部地区以及北京的西北部山区，约占京津冀总面积的40%，植被覆盖度高，生物多样性丰富，生态系统稳定；山前平原地区生态环境质量大多为"一般"，约占京津冀总面积的60%，植被覆盖度中等，生物多样性一般水平，但有不适合人类生活的制约性因子出现。

从区域分布看，河北省的承德、秦皇岛的生态环境状况为"良"，占全省土地总面积的25.20%；其余9个城市生态环境状况为"一般"，占全省土地总面积的74.80%。北京市北部山区生态环境状况优于其他区域，其中，怀柔区生态环境状况最好。天津市生态环境质量指数（EI）为49.72，生态环境质量级别为"一般"，其中，宝坻区、蓟州区、西青区、宁河区生态环境状况相对较好（图3-25），EI值均大于50。

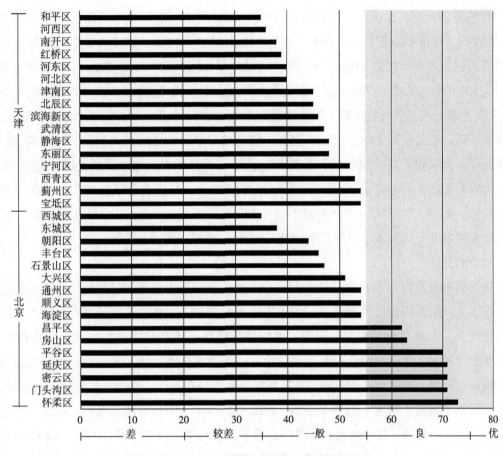

图3-25 北京、天津各区生态环境质量状况对比

生态环境状况评价指标体系

生态环境状况评价利用一个综合指标（生态环境状况指数，EI）反映区域生态环境的整体状态，指标体系包括生物丰富指数、植被覆盖指数、水网密度指数、土地胁迫指数和污染负荷指数五个分指数，分别反映被评价区域内生物的丰贫、植被覆盖的高低、水的丰富程度、遭受的胁迫强度、承载的污染物压力。

根据生态环境状况指数，将生态环境分为五级，即优、良、一般、较差和差。

表3-4 生态环境状况分级

级 别	优	良	一般	较差	差
指 数	EI≥75	55≤EI<75	35≤EI<55	20≤EI<35	EI<20
状 态	植被覆盖度高，生物多样性丰富，生态系统稳定	植被覆盖度较高，生物多样性较丰富，基本适合人类生活	植被覆盖度中等，生物多样性一般水平，但有不适合人类生活的制约性因子出现	植被覆盖度较差，严重干旱少雨，物种较少，存在着明显限制人类生活的因素	条件较恶劣，人类生活环境恶劣

空气质量方面，2016年，河北省11个设区市环境空气质量优于Ⅱ级的优良天数平均为207天，占全年总天数的56.6%，与上年相比增加了17天；重度污染以上天数平均为33天，占全年总天数的9.0%，与上年相比减少了3天。其中，张家口、承德和秦皇岛三个设区市的优良天数在270天以上，其余各设区市全年优良天数为130~208天。河北省143个县（市、区）空气质量较上年度改善幅度最大的10个县（市、区）分别是武安市、邯郸永年区、磁县、保定徐水区、大名县、邯郸峰峰矿区、馆陶县、魏县、沙河市、保定清苑区。北京市空气质量达标天数增加，重污染天数减少。空气质量达标天数为198天，达标天数比2015年增加12天，比2013年增加22天；共发生重污染39天，比2015年减少7天，比2013年减少19天。天津市空气质量达标天数226天，占全年天数的61.7%，较2015年增加6天；2016年中度以上污染共53天，较2015年减少5天。

4.生态保护

京津冀地处我国北方农牧交错带前缘，主体为半湿润大陆性季风气候，为典型的生态过渡区，其生态压力已临近或超过生态系统承受阈值。土地沙化、风沙危害、水土流失问题严重，土地资源保护迫在眉睫；生物栖息地受到严重干扰，本地乡土物种消失，以非乡土物种为主的园林绿化使生态系统单一，生物多样性受到严重威胁；地质灾害易发、频发，限制了城市发展和布局。在区域生态系统分布方面，京津冀主要分布有农田、森林、灌丛、城镇、草地、湿地等类型。2000—2010年，面积增加最大的为城镇、草地和森林，增加面积和比例分别为4075.7平方千米（22.61%）、909.1平方千米（4.88%）和496.4平方千米（1.13%），面积减少最大的为农田和湿地，减少面积和比例分别为4728.1平方千米（4.57%）和273.8平方千米（4.34%）。在类型空间分布方面，森林、灌丛、草地主要分布在京津冀北部和西部狭长地带，城镇主要分布在中部和南部地区，其他地区略有零星分布，农田主要分布于中部和东部地区（王喆，2015）。

对比2000年和2010年京津冀地区生态系统分类图可知，城镇面积显著增加，占据了其周边的农田区域，尤以北京市、天津市最为突出；草地主要在京津冀西南部的狭长地带增加较为明显，原因也是占据了农田（王喆，2015）。

三、京津冀区域资源环境面临的问题

当前京津冀区域性环境问题日益突出，雾霾锁城、水资源短缺、生态环境污染严重等问题凸显，严重影响区域发展和人们的生活，环境问题受到了国家及社会各界的高度关注。近年来，京津冀在环境保护与建设方面做出了很多努力，取得了显著成效，但资源与环境保护依然面临诸多问题和挑战，环保工作任重而道远。

（一）资源严重枯竭

从京津冀地区资源现状来看，水资源、能源与土地资源十分短缺，对区域发展的制约作用非常突出。

1.水资源是区域协同发展的最大短板

（1）京津冀地处我国水资源最为短缺的海河流域，水资源总量十分有限。2015年，京津冀水资源总量仅占全国的0.62%，人均水资源量仅为156.8立方米，为全国平均水平的1/13。京津冀地区供用水总量仅为251.1亿立方米，是全国总量的约1/24。

（2）京津冀地区水资源时空分配不均。从时间分布上看，降雨主要集中在7月和8月，年内分布也不均。从空间分布来看，以0.62%的水资源量承载着全国约8%的人口和10%的GDP。在京津冀区域内，北京、天津和河北分别占京津冀水资源总量的15.34%、7.33%和77.33%（2015年），河北为北京、天津两地提供大量水源。另外，海河流域水资源开发利用率已达118%，可开发利用潜力十分有限。水资源短缺成为京津冀协同发展的最大短板。

2.能源紧张，对外依存度高

京津冀地区能源资源紧缺，能源对外依存度越来越大。2015年，京津冀地区石油、天然气和煤炭储量分别占全国的8.42%、1.14%和2.02%，天然气和煤炭的人均量分别是全国平均水平的约1/7和1/4。京津冀能源生产总量为12041.7万吨标准煤（2014年），仅为全国的3.33%；人均能源生产量为1089.5千克标准煤，不到全国水平的一半。相比能源生产量，能源消耗量和人均能源消耗量却较大，且过去10年间逐年增加。与2005年相比，2015年能源消耗量增加了50.55%，京津冀能源消耗量占全国能源消耗总量的10.31%，人均能源消耗量高于全国平均水平。从能源品种来看，煤炭的消耗量最大，达到36399.36万吨，河北的煤炭消耗量占整个京津冀的81.40%，以煤为主的能源消耗结构难以改变。巨大的化石能源消耗以及以煤为主的能源消耗结构是导致京津冀严重环境污染的根本原因。

3.耕地资源日趋匮乏

随着工业化和城镇化进程加快，京津冀地区耕地资源继续减少，宜耕后备土地资源日趋匮乏。过去10年间，北京的耕地面积逐年下降，平均每年减少1.41千公顷，天津有所增加，但北京和天津两市总量少，仅占京津冀地区的10%左右。2015年，京津冀地区的耕地面积仅占全国的5.32%，这意味着以5.32%的耕地资源量承载着全国约8%人口的粮食。从人均量来看，2005—2015年，京津冀三地人均耕地面积逐年减少，2015年京津冀人均耕地面积仅为0.969亩，低于全国水平。耕地资源紧张状况将会进一步加剧。

（二）环境污染严重

大气污染、水体污染、土壤污染、噪声污染、电磁辐射污染等是京津冀城市发展和城市化造成的主要环境污染。其中，大气污染和水体污染是京津冀区域最主要的环境污染问题。

1. 以 $PM_{2.5}$ 为主的大气污染十分严重

京津冀作为我国空气污染最为严重的区域，尤其是 $PM_{2.5}$ 污染，已成为国际社会及公众关注的热点。$PM_{2.5}$ 是京津冀空气污染中的首要污染物。根据国际环保绿色和平组织于2016年1月20日发布的《2015年度中国366座城市 $PM_{2.5}$ 浓度排名》，2015年全国366座城市的 $PM_{2.5}$ 年平均浓度为50.2微克/立方米，其中有293座城市的 $PM_{2.5}$ 年平均浓度未达到《环境空气质量标准》中的二级浓度限值，即35微克/立方米，占366座城市的80.10%。全部城市均未达到世界卫生组织设定的 $PM_{2.5}$ 空气质量准则值，即年平均浓度10微克/立方米。在全国省市排名中，北京、河北、天津分别排在第二、第三和第四位，$PM_{2.5}$ 年平均浓度高达70~80微克/立方米；保定、邢台、衡水等城市列入 $PM_{2.5}$ 年平均浓度最高的前五座城市中，$PM_{2.5}$ 年平均浓度超过100微克/立方米。可见，京津冀区域的空气污染形势依旧十分严峻。

从京津冀地区 $PM_{2.5}$ 年均浓度来看，张家口、承德、秦皇岛等北部生态涵养区 $PM_{2.5}$ 污染较轻；其次是北京北部山区、天津和沧州；京津冀中南部，尤其是保定、衡水、邢台等城市 $PM_{2.5}$ 污染十分严重。

2. 水污染严重、水生态严重受损

近几年，京津冀地区地下水严重超采，形成了全国最大的地下水漏斗区。京津冀及周边地区地质构造复杂，活动断裂发育，地壳稳定性较差。京津冀地下水超采区域漏斗已有20多个，面积达7万平方千米，形势十分严峻。京津冀三地沉降区面积达9万平方千米，年沉降速率大于30毫米的严重沉降区面积约2.53万平方千米，部分地区年最大沉降量达160毫米。

除了地下水严重超采之外，京津冀地表水污染也十分严重。京津冀所在区域属于海河流域，而海河流域是我国水环境污染最为严重的流域之一，近10多年来，海河流域劣Ⅴ类水河长占比一直较高，2010年之前超过50%，之后占比虽然呈下降趋势，但仍接近50%。

据《海河流域水资源公报2016年》调查显示，京津冀三地中，北京的水质相对较好，Ⅰ～Ⅲ类水占评价河长的81.5%左右；河北次之，Ⅰ～Ⅲ类水占评价河长的42.7%；天津市处于下游，河流水质最差，劣Ⅴ类水河长超过其评价河长的69.9%（图3-26）。其中，主要地表饮用水源密云水库、怀柔水库水质符合二类水体水质标准，官厅水库水质有一

定程度改善，但现状水质仍为Ⅵ类。京津冀地表水劣Ⅴ类（丧失使用功能的水）断面比例达30%以上，受污染的地下水占1/3；平原区河流普遍断流，湿地萎缩，功能衰退。

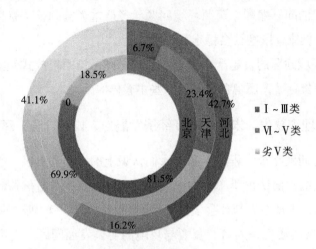

图3-26　京津冀三地地表水污染情况对比

（三）生态格局与功能严重失衡

长期以来，各地城市冲动扩张、经济快速发展，导致京津冀地区生态功能与发展格局严重失衡和紊乱，"高分贝"的生态危机警报已经拉响。一是土地荒漠化与水土流失仍十分严重。区域性沙尘天气频发，森林覆盖率低，京津冀地区荒漠化土地面积达44167.2平方千米，接近20%。根据2008年水利部、中国科学院和中国工程院联合发布的《中国水土流失与生态安全综合考察报告》显示，北京水土流失面积达4329.39平方千米，占山区面积的41.11%；天津水土流失面积达462.45平方千米，占山区面积的62.62%；河北水土流失面积达51222平方千米，占山区面积的51.93%。由此得出，京津冀地区水土流失总面积达56013.84平方千米，占山区面积的50.97%，而这些水土流失严重的地区又都是贫困人口集中的地区。二是城镇连片开发与交通网络隔断了生态廊道，包括生物通道、水系通道、空气交换等均被阻隔。三是高消耗、高污染产业掠夺生态用水，包括地表水和地下水，京津冀平原区普遍地表断流，湿地萎缩，功能衰退，现存湿地面临干涸及水污染的困境。四是流域生态系统由开放型逐渐向封闭式和内陆式方向转化，过垦过牧、滥采乱伐，破坏生态屏障太行山、燕山、坝上地区，生态脆弱，恢复难度大。

四、京津冀区域资源环境问题的原因分析

近年来，京津冀资源环境问题随着区域经济社会飞速发展而日益突出，已经严重影

响和制约区域各方面协调发展。京津冀是我国人口密集、经济发达、人地关系紧张、环境破坏严重的区域之一，且在全国范围具有典型性和代表性，可以说，京津冀发展矛盾是中国城镇化进程的问题缩影。资源环境问题已经严重影响到整个京津冀区域的协调发展，更危害到群众健康，影响社会稳定和环境安全。

京津冀资源环境问题的日趋严重是与高消耗、高污染的粗放式经济增长方式分不开的，这种粗放式增长背后，还隐含着其他一些主客体原因。

（一）可持续理念缺失，未能处理好经济发展与人口、资源、环境的关系

当前众多环境问题在很大程度上源于人们认识上的短视和盲区，表现在人类共享问题上，就是对自然的片面认识所产生的一系列错误自然观——自然控制论、环境决定论和人类中心主义论，表现在人与社会发展关系问题上，就是一种机械的发展观（吴次芳，2009）。可持续发展实质上是人口、资源与环境的协调发展问题，而可持续发展理念的缺失给京津冀区域带来一系列的不协调问题，如人口膨胀、资源紧缺、环境污染严重等，导致人口、资源与环境关系严重失调。京津冀区域人口总数自明清以来持续增长，增长速度均快于全国平均水平。1820年，河北人口数量为1580万左右；到1952年，京津冀人口数量已达到4250万左右，130多年间的人口平均增速是0.7%~0.8%。到2017年年底，京津冀的人口总数超过11247万人，人口总量是1952年的2.65倍，年均增长1.51%。但同时，区域内自然资源与环境却因自然因素以及资源的不合理利用（掠夺式开发）、片面追求经济的增长等人为因素遭受了前所未有的破坏，尤其是水资源量，加剧了人口、资源、环境与经济发展的矛盾，造成了区域层面的"人口—资源—环境—经济发展"复合性问题。因此，可持续理念缺失是造成整个京津冀资源与环境持续恶化的主要因素。

（二）在条块分割的行政管理体制下，行政决策和宏观管理失控

从自然地理环境整体性的角度看，京津冀三地同属于一个自然地理单元，气候条件、生态环境及各种自然资源有很大的相似性和互补性。三地同处海河流域、地形地貌保持完整、同受某自然灾害影响（如沙尘、洪水），三地之间存在着紧密联系的生态关系。而长期以来，京津冀各自为政的社会经济发展模式，使得区域的资源与环境被分割为多块，未能作为统一地域进行统筹规划、监测、管理和评价。多头管理现象，也使得京津冀内部在资源利用、环境保护、产业配置、城镇体系等方面没有形成较好的区域合作和分工格局。此外，京津冀三地存在不同的治理政策、不同的治理标准，利益冲突比较严重，这是一个困扰环境综合治理的难题。同时环境监测也缺乏协调配合，造成环境监测混乱，使环境信息共享困难，不能及时做出正确的判断，甚至造成严重的环境问题。

管理不善、制度与机制不健全、监管薄弱等现象，是导致该区域资源与环境持续恶化的另一个重要原因。

（三）科技支撑和协同创新能力不足

科技发展推动社会前进和人类进步，促进人们的生产方式、生活方式和思维方式转变。科学技术的进步为人类不断深入认识自然、改造自然提供了认识基础，为人类的生产实践提供了直接有力的动力。但科技进步也带来了负面影响，尤其是对生态环境，如自然资源的过度开发和不合理利用、生物多样性减少、引发和加剧灾害性的全球环境变化、各种环境污染等。因科技发展与应用过程中的科技异化使科技应用不当或滥用科技对环境产生的破坏作用所造成的后果是非常严重的（吴次芳，2009）。

京津冀地区环保科技资源较为密集，聚集着一批高校院所、高新技术企业，但存在地区间发展不平衡，主要集中在北京和天津，河北在环保科技方面无论是资源总量，还是经费投入、成果转化能力、高端人才等方面都存在一定差距，再加上协同创新机制不完善、创新管理体制不顺畅等，京津两地丰富的环保科技资源并没有在解决区域性环境问题中发挥真正的支撑作用，协同创新能力亟待提升。只有通过三地的科技协同创新，才能改善当前环保科技资源区域不平衡现状，加快促进三地创新资源整合，形成创新合力，真正发挥科技创新在京津冀生态环境保护与建设中的支撑引领作用。

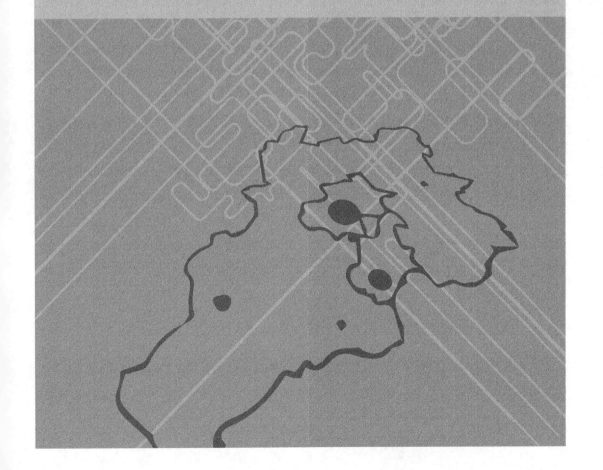

协同管理篇

第四章　京津冀区域资源与环境管理现状

本章提示：内容主要包括京津冀区域资源环境管理与协同治理现状，近几年京津冀三地出台的相关政策以及协同发展背景下京津冀资源环境管理存在的问题。

一、京津冀区域资源环境管理现状分析

环境管理是通过运用政策、法规、规划和相关的制度、标准，对破坏环境的各种活动施加影响，从而实现经济、社会、资源和环境协调发展的一种管理行为。随着我国经济社会的快速发展和城镇化进程的加快，由此带来的资源环境问题日益突出，加强资源与环境管理，解决资源与环境问题是区域可持续发展的现实需要，也是实现科学发展观的必由之路。

"区域"，即地区范围，亦即按照一定标准划分的连续的有限空间范围，具有自然、经济或社会特征的某一个方面或几个方面的同质性地域单元①。资源与环境本身具有的公共资源属性、外部性、空间外延性等特征，决定了区域资源与环境保护的整体性。资源与环境区域的范围和边界相对模糊，涉及多个行政区范围，因此，跨区域通常是指跨越两个以上政府层级所辖区域范围。对于京津冀区域而言，资源与环境保护跨越了北京、天津、河北三个行政区，资源与环境的整体性被不同行政区所分割。京津冀三地经济社会发展不平衡、环保意识不同、管理和技术水平存在差异，容易造成地方政府在资源与环境问题上的决策差异，进而导致处于统一自然生态单元的资源与环境遭受巨大的破坏，使跨区域资源与环境管理成为难点中的难点。京津冀协同发展战略背景下，实现三地资源与环境协调管理和协同治理既是新时代要求，也是生态环境整体性的内在要求，区域协同发展已成为必然趋势。

（一）资源与环境管理思想进入一个新阶段

资源环境管理思想来源于人类对环境问题的认识和社会实践。随着环境保护实践的开展以及人们对环境问题认识的深入，资源环境管理发展演变大致经历了以治理污染为

---

① 《现代汉语词典》第1588页，外语教学与研究出版社（2002版）。

主要管理手段的资源环境管理时期、以经济刺激为主要管理手段的资源环境管理时期、以资源环境问题作为发展问题的资源环境管理时期三个时期。进入21世纪我国对资源环境问题的认识有几个重要节点：第一个节点是党的十七大报告，首次把建设生态文明写入党的报告，并把它作为全面建设小康社会的新要求之一："基本形成节约能源资源和保护生态环境的产业结构、增长方式、消费方式……生态文明观念要在全社会牢固树立"，这是可持续发展理念的一次升华。生态文明的提出也开始影响我国资源与环境管理思想，让人们深切意识到资源环境问题就是发展问题。第二个节点是党的十八大报告，把建设生态文明纳入实现伟大复兴中国梦的体系中，强调"走向生态文明新时代，建设美丽中国，是实现中华民族伟大复兴的中国梦的重要内容"。这意味着我国对资源与环境问题的认识逐步深入，标志着我国资源与环境管理思想进一步升华，上升了一个新的高度。十八大后，国家治理结构和治理理念上，特别强调了"创新社会治理体制"和"推进国家治理体系和治理能力的现代化"。"协同治理""合作治理"在社会管理、环境管理等领域成为研究中的热门词汇。第三个节点是党的十九大报告，报告明确指出，构建政府为主导、企业为主体、社会组织和公众共同参与的环境治理体系，提高污染排放标准，强化排污者责任，健全环保信用评价、信息强制性披露、严惩重罚等制度。这意味着我国对资源环境问题的认识进一步提升，为今后多元主体参与的环境协同治理体系构建指明了方向。

（二）现有的环境管理体制不适应区域协同发展

我国的资源环境行政管理体制是在传统的土地、自然资源国有和集体所有制框架下，以及计划经济体制和资源开发计划管理体系下建立的，并伴随20世纪70年代末以来市场化改革和生态环境问题的恶化，逐步发展形成现在的以政府主导和行政监管为特征的体系，具有统一管理与分级、分部门管理相结合的特征。横向上，在国家层面，国务院组成部门以及相关直属机构、直属事业单位、部委管理的国家局中，有超过10部门承担着生态保护和污染防治的相关职责，存在多头管理、职能交叉重叠的情况。纵向关系上，我国存在较为普遍的职责同构现象，在资源与环境领域亦是如此。省、地、县等各级地方政府参照中央部门，设置了总体上类似的职能机构，包括国土、农业、水利、林业、海洋渔业、环境保护等（中国科学院可持续发展战略研究组，2015）。与此同时，资源管理体制未能有效地将资源和环境保护、资源与生态建设、资源与产业发展以及资源与贸易考虑进来，其表现之一就是资源开发利用与保护，同环境保护之间缺少协调；表现之二就是资源开发利用与保护，同生态建设之间缺乏必要的沟通和协调，既影响了生态建设的进展，也影响了资源管理的统一部署；表现之三是资源管理与产业管理特别是与资源型产业管理之间缺乏必要的沟通，如矿产管理与石油、天然气、煤炭等能源产业间，土地管理与农业管理间，海洋与渔业生产管理间，都存在不同程度的脱节和不协调问题（王尔德，2013）。

长期以来，京津冀区域采用的是三地各自为政、地方政府对辖区内资源保护与环境质量负责的资源环境管理体制，这种体制由京津冀三地的地方政府通过计划、组织、调节和监督来协调各种关系，这种体制事实上较能够发挥地方政府的主动性与积极性，但会导致部门过于分散、三地分割的现象，管理手段相对滞后，不符合社会经济发展的客观需要。京津冀三地虽然具有地缘关系和血缘关系，但分属不同行政区，三个行政区划各有一套执法主体与执法部门，具体涉及包括农业、水利、海洋、园林绿化等十几个部门。由于行政地位相当，整个区域之间缺乏长三角区域那样的以上海为绝对中心来统筹整个区域的内在凝聚力，行政地位的对峙造成环保管理过程中难以协调发展的弊端。

2016年，我国开始开展省以下环保机构监测监察执法垂直管理制度改革试点工作，河北、上海、江苏等12个省（市）提出垂直管理制度改革试点申请。这为解决制约环境保护的体制机制障碍，标本兼治加大综合治理力度，推动环境质量改善迈出了第一步。

（三）京津冀区域资源环境协同治理取得初步成效

国家"十三五"规划提出加强和创新社会治理，并提出要建立共建共享的社会治理格局，党的十九大在此基础上，增加了"共治"，更加充分体现了治理的核心思想，强调的是社会多个主体共同参与服务和治理。由此可见，协同治理是政府社会管理创新的必然选择，资源与环境协同治理是京津冀协同发展的内在要求。

近年来，京津冀三地环境治理合作逐步深入，从最初共同研究确定阶段性工作重点、互通工作信息，到开展污染预警、环境联动执法、跨区域环保机构试点，再到区域协作机制、统一标准、政策、资金等领域的深度合作，京津冀资源与环境协同治理取得明显成效。成效大体可分为顶层设计与战略制定、三地合作协议与联防联治、生态难题攻坚克难三个方面。

1.顶层设计与战略制定

京津冀环境协同治理是以规划纲要绘制蓝图，以顶层机构和组织设置作为抓手。2015年，国家发改委《环渤海地区合作发展纲要》中提出加强生态环境保护联防联治；2015年，《京津冀协同发展规划纲要》的出台，标志着京津冀协同发展完成顶层设计，并将生态环境一体化作为京津冀顶层规划的重要部分；2015年12月，国家发改委发布《京津冀协同发展生态环境保护规划》，标志着京津冀环境治理蓝图已然展开，明确了京津冀环境治理重点任务和内容；2016年2月《"十三五"时期京津冀国民经济和社会发展规划》印发实施，这是全国第一个跨省市的区域"十三五"规划，明确提出"绿色发展，建设生态修复环境改善示范区"等生态环境治理和建设方向，为京津冀地区未来五年设定了发展目标。与此同时，跨区域环境组织机构陆续成立，如正在筹建的京津冀大气管理局、京津冀及周边地区水污染防治协作小组、京津冀及周边地区大气污染防治协作小组等。

2.三地合作协议与联防联治

在京津冀顶层设计与战略制定下，三地之间区域协作协议和地方规划逐步跟进，以雾霾治理为核心的联防联治区域间合作全力开展。例如，2014年7月，京冀两地签署《共同打造曹妃甸协同发展示范区框架协议》等7份区域协作协议及备忘录，开始在中央协同领导下谋求地区之间协同发展，也为京津冀地区生态环境开启了协议协商、共同谋划的局面。2016年9月，京津冀三地法院签署《京津冀环境资源审判协作框架协议》，共谋三地司法信息共享、优势互补和裁判标准和尺度的统一，京津冀环境资源审判逐渐实现协调联动。同年，京津冀率先统一空气重污染应急预警分级标准，区域协同应对空气重污染机制进一步完善；深化"结对合作治污机制"，北京市共投入5.02亿元资金支持保定、廊坊两市开展小型燃煤锅炉淘汰和大型燃煤锅炉治理；完善信息共享机制，建成京津冀及周边地区大气污染防治信息共享平台，实现七省（区、市）空气质量、重点污染源排放等信息实时共享；建立京津冀及周边地区水污染协作机制，京津冀三地建立了水污染应急联席制度和信息通报机制，水污染突发事件长效协作机制初步形成。同时，区域污染治理取得新进展，发布实施了推进成品油质量升级、推进电能替代、淘汰落后产能等政策文件。

3.生态难题攻坚克难

在制定《京津冀协同发展生态环境保护规划》、统一京津冀大气重度污染预警响应标准等一系列顶层设计、地区协议和初步合作之后，三地针对散煤燃烧、汽车尾气排放、乡镇小产业集群治理等治理难题开展攻坚。例如，2016年在京举行的中国散煤清洁高效利用和治理大会上，环境保护部环境规划院宣布三地区域间零煤区建立。"好煤配好炉"成为京津冀为解决散煤燃烧进行的一项联合举措。针对汽车尾气排放，2017年2月《京津冀及周边地区2017年大气污染防治工作方案》中，京津冀三地协商讨论实行"油改电"，推进出租车更换为电动车或新能源车。同时，还发布了推进成品油质量升级、推进电能替代、淘汰落后产能等方面的政策文件。

近几年，京津冀在环境治理方面尽管取得了初步成效，但错综复杂的利益关系使得跨区域环境治理面临着诸多困境，形势依然严峻。

二、京津冀区域资源环境管理动态跟踪分析

京津冀协同发展战略提出后，与资源环境密切相关的国家部委及地方环保部门出台并实施一系列的政策措施。本书跟踪分析了2014—2017年各大政府网站公布的政策信息[①]，具体包括大气污染防治、水污染防治、生态环境建设和节能环保产业方面。

（一）大气污染防治

最近几年，华北地区雾霾频发，特别是京津冀区域，更是雾霾的高发区。党中央、国务院对此高度重视，地方各级政府出台了配套政策，三地大气污染联合防控取得了进展（表4-1）。

1.国家出台系列大气治理相关法律政策

目前国家层面出台的涉及大气治理的法律政策包括《环境保护法》（2014年）和《大气污染防治法》（2015年修订）、《大气污染防治行动计划》（2013年）、《京津冀及周边地区落实大气污染防治行动计划实施细则》（2013年）、《京津冀大气污染防治强化措施（2016—2017）》等，为京津冀区域大气污染联合防治防控提供了法律政策保障。2015年12月，国家发展改革委、环境保护部发布《京津冀协同发展生态环境保护规划》，明确提出到2020年$PM_{2.5}$浓度比2013年下降40%左右，京津冀区域$PM_{2.5}$年均浓度控制在64微克/立方米左右。此外，国家各部委及地方政府联合采取了政策措施，如2017年3月，环境保护部等相关部委及地方政府联合制定了《京津冀及周边地区2017年大气污染防治工作方案》，方案提出更加严格的空气质量改善目标和更大力度的大气污染治理举措；成立重污染天气联合应对工作小组，统筹指导督促各地做好重污染天气应对工作。

2.成立专门的协作小组推动京津冀大气污染防治进程

2013年10月，京津冀及周边地区大气污染防治协作小组成立，协作小组办公室成员有关部委陆续出台了保障京津冀区域天然气稳定供应、成品油质量升级、机动车污染防治、电力钢铁水泥等重点行业限期治理、散煤清洁化、秸秆综合利用和禁烧、新能源车推广应用等政策文件，为区域大气污染治理提供了政策保障。如《关于建立保障天然气稳定供应长效机制若干意见》《能源行业加强大气污染防治工作方案》《大气污染防治成品油质量升级行动计划》《京津冀及周边地区重点行业大气污染限期治理方案》《京津冀地区

[①] 2018年，根据《国务院关于提请审议国务院机构改革方案》，中央对国务院组成部门进行了调整，如整合国土资源部等8个部门相关职责组建了自然资源部；组建生态环境部，不再保留环境保护部；组建农业农村部，不再保留农业部等。由于2018年3月之前的政策均为改革之前的机构所发布的，因此，本书中所有政策发布机构仍采用原名。

表4-1 京津冀区域大气污染防治相关政策措施出台情况

时 间	事 件
2013年9月	国务院发布《大气污染防治行动计划》（"大气十条"）
	环境保护部发布《京津冀及周边地区落实大气污染防治行动计划实施细则》，要求京津冀以及周边区域建立重污染天气监测预警体系和重污染天气应急响应机制
2013年10月	京津冀及周边地区大气污染防治协作小组在北京成立
2014年1月	全国首部地方性防治大气污染条例《北京市大气污染防治条例》通过，3月1日开始施行，该条例在国内首次把降低PM$_{2.5}$浓度作为重点目标纳入立法，旨在用最严格的制度、最严密的法治，为首都生态文明建设提供可靠保障
2014年4月	十二届全国人大常委会第八次会议表决通过了《环保法修订案》：建立跨行政区域的重点区域、流域环境污染和生态破坏联合防治协调机制，实行统一规划、统一标准、统一监测、统一防治措施
2014年7月	环境保护部印发《京津冀及周边地区重点行业大气污染限期治理方案》
2014年9月	国家发改委、农业部、环境保护部制定《京津冀及周边地区秸秆综合利用和禁烧工作方案（2014—2015年）》
2015年1月	《天津市大气污染防治条例》通过
2015年8月	全国人大常委会通过修改后的《大气污染防治法》
2015年11月	京津冀三地环保部门协商建立环境执法联动机制
2015年12月	国家发展改革委、环境保护部发布《京津冀协同发展生态环境保护规划》，明确提出到2020年PM$_{2.5}$浓度比2013年下降40%左右，京津冀地区PM$_{2.5}$年均浓度控制在64微克/立方米左右
2016年2月	《河北省建设京津冀生态环境支撑区规划（2016—2020年）》提出"一条红线"，强力实施大气污染防治攻坚等六大行动、"三个'五十条'"等措施
2016年1月	河北省第十二届人民代表大会第四次会议通过《河北省大气污染防治条例》
2016年7月	环境保护部印发《京津冀大气污染防治强化措施（2016—2017）》的通知
2017年3月	环境保护部等相关部委及地方政府联合制定《京津冀及周边地区2017年大气污染防治工作方案》
2017年4月	三地共同制定京津冀首个环保统一标准《建筑类涂料与胶粘剂挥发性有机化合物含量限值标准》（DB 11/3005-2017）
2017年8月	环境保护部、国家发改委等联合印发《京津冀及周边地区2017—2018年秋冬季大气污染综合治理攻坚行动方案》的通知

散煤清洁化治理工作方案》等。

3.能源、交通、农业等相关部门制定大气污染防治政策措施

2014年9月，为贯彻落实《国务院关于印发大气污染防治计划行动的通知》，大力推动京津冀公交等公共服务领域新能源汽车应用，按照国务院要求，工业和信息化部、国家发改委、科技部等通过了《京津冀公交等公共服务领域新能源汽车推广工作方案（2014—2015年）》。2014年9月，为贯彻落实国务院办公厅《关于加快推进农作物秸秆综合利用的意见》，推进京津冀及周边地区秸秆综合利用和禁烧工作，促进京津冀大气污染防治，国家发展改革委、农业部、环境保护部制定了《京津冀及周边地区秸秆综合利用和禁烧工作方案（2014—2015年）》。

4.地方政府积极响应，京津冀三地各自制定《大气污染防治条例》

北京发布《2013—2017年清洁空气行动计划》，细化分解了84项重点任务；成立了北京市大气污染综合治理领导小组；聚焦燃煤、机动车、工业、扬尘四大重点领域，统筹实施各项防治措施。2017年12月，北京市出台了《加快科技创新发展节能环保产业的指导意见》。根据意见，北京将发展节能环保产业，其中，大气污染防治领域，重点发展烟气多污染物协同处理技术、选择性还原等脱硫脱氮关键技术、$PM_{2.5}$和臭氧主要前体物联合脱除技术。到2020年北京将培育10家营业收入超过100亿元、具有国际竞争力的节能环保龙头企业，培育100家左右营业收入超过10亿元、在国内细分市场领先的节能环保骨干企业。天津制定了《关于"四清一绿"行动2017年重点工作的实施意见》《天津市2017年大气污染防治工作方案》等，采用更有力度、更大范围、针对性更强的举措，力争取得更明显的治理成效，坚决打好大气污染防治攻坚战。河北修订了《大气污染防治条例》，还制定了《2016年河北省大气污染防治工作要点》《河北省大气污染防治强化措施实施方案（2016—2017年）》以及《河北省散煤污染整治专项行动方案》《河北省焦化行业污染整治专项行动方案》《河北省露天矿山污染深度整治专项行动方案》《河北省道路车辆污染专项行动方案》4个专项行动方案，各部门密切配合，协调督导，分别制定落实方案和工作标准，深化细化各项防控措施，共同推进落实。还修订了《钢铁工业大气污染物排放标准》《水泥工业大气污染物排放标准》《燃煤电厂污染物排放标准》和《工业企业挥发性有机物排放标准》等一系列地方环境保护标准，增强了治污法制依据。

另外，京津冀加大了执法力度。2017年4月开始，环境保护部从全国环保系统抽调5600名一线环境执法人员，对京津冀大气污染传输通道上"2+26"城市，开展为期一年的大气污染防治强化督查，"散乱污"企业整治是强化督查重点内容之一。这是环境保护部有史以来直接组织的最大规模执法行动。

（二）水污染防治

京津冀属于资源型严重缺水地区，人均水资源远低于国际公认的严重缺水标准。水资源是京津冀区域承载力的最大短板，用水缺口主要依靠跨区域调水、超采地下水来弥补。水污染协同治理成为京津冀资源环境管理的重点任务之一。在国家及地方各级政府的努力下，京津冀三地水污染联合防控取得了一定成效（表4-2）。

表4-2　京津冀区域水污染防治相关政策措施出台情况

时　间	事　件
2014年4月	十二届全国人大常委会第八次会议表决通过《环保法修订案》：建立跨行政区域的重点区域、流域环境污染和生态破坏联合防治协调机制，实行统一规划、统一标准、统一监测和统一防治措施
2014年10月	京津冀三地环保部门签订了《水污染突发环境事件联防联控机制合作协议》
	京津冀三地建立水污染突发事件联防联控机制
2015年4月	国务院发布"水十条"——《水污染防治行动计划》
2015年12月	国家发改委、环境保护部发布《京津冀协同发展生态环境保护规划》，明确提出到2020年，京津冀地区地级及以上城市集中式饮用水水源水质全部达到或优于Ⅲ类，重要江河湖泊水功能区达标率达到73%
2016年1月	《北京市水污染防治工作方案》明确强调，京津冀三地加强水污染防治联动机制，重点完善监测预警、信息共享、应急响应等工作机制
2016年2月	河北省人民政府发布《河北省水污染防治工作方案》（河北版"水十条"）
2016年3月	天津首部水污染防治地方法规《天津市水污染防治条例》正式实施
2016年5月	水利部印发实施《京津冀协同发展水利专项规划》
	国务院同意成立京津冀及周边地区水污染防治协作小组
	京津冀及周边地区水污染防治协作小组印发《京津冀及周边地区水污染防治部际协调小组工作规则》《京津冀及周边地区落实〈水污染防治行动计划〉2016—2017年实施方案》
2017年2月	环境保护部、住房城乡建设部与天津市人民政府共同签订《共同推进水体污染控制与治理科技重大专项合作备忘录》
2017年上半年	天津市与河北省签订了《关于引滦入津上下游横向生态补偿的协议》
2017年12月	河北省第十二届人民代表大会常务委员会第三十三次会议对《河北省水污染防治条例（修订草案）》进行了初审

1.国家层面出台"水污染防治行动计划"

2015年4月，国务院发布《水污染防治行动计划》（"水十条"），涉及工业水污染治理、城镇水污染治理、农业污染治理、港口水环境治理、饮用水、城市黑臭水体治理、污泥处理、环境监管等方面，是当前和今后一个时期内全国水污染防治工作的行动指南。这个计划除了对全国水环境治理提出明确目标和措施以外，还专门针对北京、天津、河北提出诸如上述不同于普遍任务或其他重点区域任务的专门约束性指标，仅"京津冀"一词就在计划正文中出现了13次。

2.环境保护部、水利部等相关部委针对京津冀区域水污染防治制定系列政策措施

2015年12月，国家发展改革委、环境保护部发布的《京津冀协同发展生态环境保护规划》中明确提出，到2020年，京津冀地区地级及以上城市集中式饮用水水源水质全部达到或优于Ⅲ类，重要江河湖泊水功能区达标率达到73%。到2020年，京津冀地区用水总量控制在296亿立方米，地下水超采退减率达到75%以上。2016年，水利部印发实施《京津冀协同发展水利专项规划》，旨在充分发挥水利在京津冀协同发展中的约束引导与支撑保障作用，着力破解水资源瓶颈制约，切实提高区域水安全保障程度。同年，为落实"水十条"要求，统筹协调京津冀区域水污染防治工作，国务院同意成立京津冀及周边地区水污染防治协作小组，紧接着京津冀及周边地区水污染防治协作小组印发了《京津冀及周边地区水污染防治部际协调小组工作规则》《京津冀及周边地区落实〈水污染防治行动计划〉2016—2017年实施方案》。2017年2月，环境保护部、住房城乡建设部与天津市人民政府共同签订《共同推进水体污染控制与治理科技重大专项合作备忘录》，就"十三五"京津冀区域（天津市）水专项实施工作达成合作备忘。主要内容是推广应用一批成熟适用的技术、产品和装备，实现科技创新和成果应用推广两个重大突破，为天津市水环境综合整治和管理能力提升提供科技支撑，共同推进京津冀区域水环境质量管理体系建设。

3.京津冀三地政府积极应对，联合攻破水污染难题

京津冀协同发展战略提出之后，三地环保部门于2014年10月签署《水污染突发环境事件联防联控机制合作协议》，建立以组织协调、联合预防、信息共享、联合监测、应急联动为内容的三地水污染突发环境事件联防联控机制。每年召开一次联席会议，组织一次隐患联合排查行动。2016年，北京、天津和河北分别制定了水污染防治方面的政策，北京公布《北京市水污染防治工作方案》明确强调，京津冀三地加强水污染防治联动机制，重点完善监测预警、信息共享、应急响应等工作机制，北京市将协同张家口、承德地区共同开展饮用水水源地保护，合作建设生态清洁小流域，推进永定河、北运河、潮白河、大清河等跨界河流的绿色生态河流廊道治理，加大官厅、密云等水库生态修复和

污染治理力度；天津首部水污染防治地方法规《天津市水污染防治条例》出台；河北则制定《河北省水污染防治工作方案》，为改善水环境质量、保障水安全提供了政策支持。2017年上半年，天津市与河北省签订了《关于引滦入津上下游横向生态补偿的协议》，每年获得中央财政奖励资金3亿元，天津、河北配套资金各1亿元，用于滦河流域潘大水库清网护渔过程中的补偿。目前，潘大水库网箱养鱼清理工作已全面完成，水库和滦河水质逐步好转，监测断面月达标率达到85.7%和71.4%，保障了"引滦入津"水质的安全。

另外，京津冀流域水生态环境功能分区管理体系进一步健全，将京津冀三省市划分为113个单元加强管控，优先控制不达标水体单元和于桥水库、白洋淀等良好湖泊单元；加强渤海入海河流及排污口的环境治理，编制了《关于推进重污染入海河流环境综合整治工作的指导意见》《规范入海排污口设置工作方案》；持续加大海河流域、滦河流域综合整治及衡水湖、官厅水库生态保护和修复力度，已落实水污染防治专项资金20.9亿元。

（三）生态环境保护与建设

党的十八大以来，党中央、国务院把生态文明建设和生态环境保护摆在更加重要的战略位置。近几年，国家及地方出台了多个针对京津冀生态环境保护与建设的政策文件，并采取了积极措施，取得了良效。

1.国家出台相关规划和政策来指导京津冀生态环境建设

近三年，国家出台了《京津冀协同发展生态环境保护规划》（2015年）、《全国"十三五"生态环境保护规划》（2016年）、《关于健全生态保护补偿机制的意见》（2016年）等多个规划与政策，明确规定未来几年京津冀生态环境保护方面的一系列目标任务，提出了在生态环境保护领域率先突破的政策措施，致力于破解制约生态环境质量改善的深层次矛盾和问题。2018年2月，国务院批准了京津冀3省（市）、长江经济带11省（市）和宁夏回族自治区共15省份生态保护红线划定方案。方案指出：京津冀区域生态保护红线包括水源涵养、生物多样性维护、水土保持、防风固沙、水土流失控制、土地沙化控制、海岸生态稳定等7大类37个片区，构成了以燕山生态屏障、太行山生态屏障、坝上高原防风固沙带、沿海生态防护带为主体的"两屏两带"生态保护红线空间分布格局，为建立生态保护红线制度迈向重要的一步。

2.国家与地方政府联合出台系列政策措施

2016年6月，国家林业局和北京、天津、河北三省（市）政府在河北张家口签订《共同推进京津冀协同发展林业生态率先突破框架协议》，印发了《京津冀生态协同圈森林和自然生态保护与修复规划》，提出重点要在优化京津冀生态空间上、在推进大规模国土绿化上、在精准提升森林质量上、在白洋淀等重要湿地保护与恢复上、在环首都国家公园体系建设上、在金融创新支持国家储备林建设上、在林业精准扶贫上取得突破。

作为全国资源环境和发展矛盾最突出的地区之一，河北省肩负着打造京津冀环境支撑区的重任。2016年，河北省出台《河北省建设京津冀生态环境支撑区规划（2016—2020年）》，在重点生态功能区、生态环境敏感区和脆弱区等区域，划定森林、海洋、湿地、河湖水域等生态保护红线，为区域可持续发展提供刚性保障。

截至2016年8月，太行山绿化、"三北"防护林、沿海防护林等重点生态工程和平原造林加快推进，京津保生态过渡带完成造林绿化40.8万亩，京津冀三地分别完成造林12.5万亩、55.4万亩和237.3万亩。百花山—野三坡、海陀山、雾灵山区域等环首都国家公园体系加快规划建设，2022年北京冬奥会绿化工程加快实施。

3.国家发改委、能源局、国土资源部等相关部委相继出台政策措施

为了节约能源、保护环境，国家发改委、能源局、国土资源部等部委也制定了政策措施。例如，2014年国家能源局与北京、天津、河北及神华集团公司签订《散煤清洁化治理协议》，推进解决京津冀地区散煤清洁化燃烧问题。2016年2月，京津冀协同发展地质工作研讨会在京召开，部署"十三五"时期支撑服务京津冀协同发展地质工作，发布《支撑服务京津冀协同发展地质调查报告（2015）》《支撑服务京津冀协同发展地质调查实施方案（2016—2020年）》。同年5月，国土资源部、国家发展改革委联合印发《京津冀协同发展土地利用总体规划（2015—2020年）》，作为当前和今后一个时期京津冀协同发展土地利用的行动纲领。2016年3月，农业部等八部门联合印发《京津冀现代农业协同发展规划（2016—2020年）》，为统筹推进京津冀都市现代农业发展、区域农业环境突出问题治理等提供了指导。

4.京津冀三地地方政府不断加强合作

三地地方政府加强合作，2014年签订了《贯彻落实京津冀协同发展重大国家战略推进实施重点工作协议》《共建滨海—中关村科技园合作框架协议》《关于进一步加强环境保护合作的协议》《关于加快推进市场一体化进程的协议》《关于共同推进天津未来科技城京津合作示范区建设的合作框架协议》等协议及备忘录。同年，京津两市签署《关于进一步加强环境保护合作的协议》，三地地方政府间在环境领域的协作不断加强。

5.加强执法力度，保障京津冀生态环境保护建设

自2015年1月份以来，河北省已经在石家庄、保定、衡水等地先后开展环境污染责任保险试点工作。为了进一步加快建立环境污染责任保险制度，提高风险防控水平，同年9月29日，河北省唐山市成立了环境污染责任保险试点工作领导小组，负责全市环境污染责任保险工作的组织领导和统筹协调。同时建立市环保局、市金融办、唐山保监分局试点工作部门联席会议制度，就阶段性工作进行定期交流，加强信息沟通，实现工作联动。

为逐步实现京津冀三地环保一体化，共同打击京津冀区域内环境违法行为，维护环境安全，改善环境质量，三地环保部门于2015年11月协商建立了环境执法联动机制。同年12月，京津冀三地环保厅（局）正式签署了《京津冀区域环境保护率先突破合作框架协议》，明确以大气、水、土壤污染防治为重点，以联合立法、统一规划、统一标准、统一监测、协同治污等10个方面为突破口，联防联控，共同改善区域生态环境质量。2016年9月，京津冀三地法院共同谋划和研究了环境司法领域协作的制度和机制，并签署了《京津冀环境资源审判协作框架协议》。三地建立起了"京津冀法院联席会议"机制，有助于推进环保审判工作的规范化、常态化、长效化，进一步贯彻落实京津冀一体化发展战略，实现京津冀地区环境资源审判协调联动，充分发挥环境资源审判职能作用。

（四）节能环保产业

京津冀三地环保政策密集出台。北京关于节能环保产业的政策较多，例如《北京市加快科技创新发展节能环保产业的指导意见》（2017）、北京市《关于加快培育和发展战略性新兴产业的实施意见》（2011）、《北京市节能环保产业发展规划2013—2015》、北京市发展和改革委员会《关于开展全市重点用能单位能源利用状况报告内容审核情况专项监察的通知》（2014）、《北京市碳排放权抵消管理办法（试行）》（2014）、《北京市清洁生产管理办法》（2013）等，从产业培育、技术创新、节能减排管理等方面给予引导和支持。

天津市政府积极引导，出台相应政策，鼓励和支持企业加快发展节能环保产业。天津市出台的相关节能环保政策主要有市发展改革委、市财政局和市环保局《关于调整二氧化硫等4种污染物排污费征收标准的通知》（2014），规定了二氧化硫（SO_2）、氮氧化物（NO_x）和化学需氧量（COD）、氨氮（NH_3-N）排污费征收标准。天津市环保局《关于停止办理环境污染治理设施运营资质许可相关事项的通知》（2014）取消对治污服务市场的行政许可准入管理措施。其他政策如《天津市6年内免检机动车环保标志发放工作方案》（2014）、天津市人民政府办公厅《关于印发天津市碳排放权交易管理暂行办法的通知》（2013）等分别就天津市的节能环保产业从产业发展方向、具体行业管理等多角度给予规范和管理。

河北省为改变高污染、高排放为主的产业结构，近年来强力推进大气污染防治，大力推进能源清洁化，推进节能减排，积极应对气候变化，先后出台了《关于进一步加快发展节能环保产业十项措施的通知》（2013）、《河北省可再生能源发展"十三五"规划》《河北省公共机构节约能源资源"十三五"规划》等。《关于促进自主创新成果产业化的实施意见》等政策文件设立10亿元专项资金，组织实施光伏电池及应用、风力发展装备制造及示范等八大工程，生物制药、新能源、高端装备、新材料等产业取得快速发展，为河北加快节能环保产业的发展提供了良好的条件。

三、协同发展背景下京津冀资源环境管理存在的问题

近些年，在京津冀协同发展背景下，京津冀环境协同治理进入"快车道"，实现了突破。尽管京津冀三地协同治理以及管理上取得了许多成就，但资源环境管理仍存在许多问题，包括：

（一）京津冀区域法律法规不够完善

京津冀协同发展战略提出之后，国家及地方层面的法规政策陆续出台，生态环境相关法律法规、规划计划、条例、意见、协议、标准等层出不穷，但还没有出台国家层面的京津冀环境协同发展法律法规，再加上当前法律法规制度的不健全、统筹协调和监督约束力不足，致使各地执法水平差距较大，在具体推动或落实区域协作时存在诸多不确定性和法律冲突，使得京津冀资源环境管理缺少法律保障。例如，新《环境保护法》在污染综合治理区域联防联控上没有明确的规定，依法治理在执行方面还缺乏相关经验，导致环境监管的权威性、执行力不足；已出台的《大气污染防治条例》《水污染防治条例》《京津冀及周边地区落实大气污染防治行动计划实施细则》等诸多京津冀环境相关法律政策中，缺失对三地权限和责任的明确表述。又例如，在地方法律上，京津冀三地都有自己的《大气污染防治条例》，但是相关规定不统一，不能有效指导三地空气污染的有效治理（李燕凌，2015）。

（二）缺乏跨区域的统一环保管理机构

环境问题具有较强的外部性和区域性，一个地区的环境污染可能会影响到周边其他地区，往往会超越行政区划的边界，不受行政辖区界限的限制，如酸雨污染、流域水污染、海洋环境污染、生物多样性等问题，都具有跨行政区域的特点。针对这一现象，设置强有力的跨区域环境管理机构就显得尤为重要。为了着实推进京津冀环境治理工作，国家在水污染和大气污染方向成立了协作小组，跨地区环保机构试点——京津冀大气环保局（专项）筹备组建工作正在紧锣密鼓地进行，但这只是大气领域的，还未成立跨区域的综合环境管理机构，来制定京津冀区域统一的环境标准、评估方案以及规划落实，开展环保督察巡视，严格环保执法，以实现环境成本的统一、达到京津冀区域环境质量总体改善的目标，以更好地解决目前区域性大气污染和跨行政区的流域环境治理问题。

（三）尚未建立多元主体的协同治理体系

目前，京津冀区域环境协同治理仍处于起步阶段，地方政府、企业、公众在参与过程中仍然力量分散，难以形成整体的协同效应。环境保护与资源利用问题的根源是市场失灵、政府失灵以及公众参与不足等所致。资源环境管理中求得市场机制调节、政府干预和社会公众参与的有机结合与平衡制约是最佳选择。生态环境是一个社会、经济、自然的复合体，中国的改革开放具有政府强力推进的显著特征，环境建设与管理也不例外。政府作为公共事务治理中的重要主体，是公共事务唯一的决策者、建设者和管理者。然而，我国环境制度不完善、无法对政府权力施加约束、环境管理市场机制不够完善，这导致区域环境质量日益下降。随着京津冀区域环境污染形势严峻，现行治理模式出现多元主体共同参与的局面，但依然以政府为主导，市场化水平与公民社会的建设程度较低，尚未形成区域内多元主体的环境协同治理体系。

（四）缺乏生态环境治理长效机制

党的十八大以来，我国深刻总结自然规律、经济社会发展规律，将生态文明建设纳入中国特色社会主义"五位一体"总体布局，先后提出了"建立系统完整的生态文明制度体系""用严格的法律制度保护生态环境"，确立"绿色发展"的新理念。党的十九大报告对生态文明和生态环境保护提出了一系列新思想、新要求、新目标和新部署。报告指出生态文明建设是中华民族永续发展的千年大计、人与自然是生命共同体等重要论断；明确在"新社会矛盾"下提供更多优质生态产品以满足人民日益增长的优美生态环境需要；提出到2035年建成美丽中国的目标；提出要推进绿色发展、着力解决突出环境问题、加大生态系统保护力度、改革生态环境监管体制。在这一生态文明建设的指导思想下，解决京津冀区域性环境问题需要区域综合管理和协同治理，但目前在区域层面推行环境保护和治理还存在一些困难，京津冀资源环境的协同管理存在各种体制机制上的障碍，尤其是缺乏区域环境治理长效机制，包括生态环境协同保护的长效补偿机制、污染联防联控长效机制、生态环境共建共享长效机制等，影响着京津冀资源环境协同管理和治理。

（五）错综复杂的利益关系影响京津冀环境协同治理

十八大以来，京津冀生态环境协同治理总体呈现着顶层设计渐趋完备、地区之间互动增多、科技治理逐步增强的良好态势，尤其在统一重污染天气预警和雾霾治理标准方面取得了显著成效，在淘汰落后产能、发展绿色能源、治理环境污染等方面也取得了一定成绩。但地区政府之间、部门之间、利益主体之间错综复杂的关系还未理清，加上政策之间的整合不足以及制度本身的不完善，影响着京津冀环境协同治理和联防联治总体效果。具体表现在：一是由于缺乏成本—收益考量，科技创新政策未跟进，激励性生态补偿机制不健全等原因，导致环境规制措施完美可执行性不高；二是京津冀生态环境协同治理目前多为顶层督查，由环保部牵头或指挥，地方缺乏自主联合协商精神；三是重视雾霾问题而轻视其他生态问题，比如水资源利用问题、工业集聚区三地的水污染与防治等问题也是迫在眉睫，但是这些问题却没有得到类似雾霾治理的关注度和治理重拳出击力度（胡亚博，2017）。

第五章
国内外资源环境管理体制与协同治理经验借鉴

本章提示：主要介绍中国、美国、法国、加拿大、日本等国家的管理体制，以案例分析的方法，剖析国内外跨区域资源环境协同治理实践，总结国内外经验对京津冀资源环境区域协同治理的启示，并提出对策建议。

一、资源与环境协同治理

（一）协同治理的基本内涵

环境管理到环境治理，最核心的变化是主体的多元化。传统的环境管理是国家或政府从上到下的行政式管理，而环境治理强调的是作为公共机构的政府和社会力量共同管理环境的过程。党的十九大报告提到加强和创新社会治理、统筹山水林田湖草系统治理、健全乡村治理体系、全面依法治国、建立网络综合治理体系、加强社区治理体系建设、构建环境治理体系以及推进全球治理体系等多方面治理体系，这是新时代中国特色社会主义建设的新思路、新要求。

实践表明，在管理型治理模式下所形成的政府主导型、市场自决型与社区自治型等话语策略，在应对环境问题时均存在着一定缺陷，从而导致治理体系集体失灵的局面。只有服务型治理模式，才能有效地缓解治理层面上的困顿，而这一模式在后工业化的历史进程中主要表现为环境协同治理的实践（杨华锋，2011）。协同治理的产生是社会不断进步的产物，一方面随着全球化时代的到来，行政边界的分割，难以满足公众的需求，必须通过协同的方式融化组织间的强大边界；另一方面是现代社会的各类复杂问题，如环境污染，政府无法单靠自身力量去解决，这就要求社会各方力量的共同参与。协同治理模式目前主要有三种：一是政府主导型协同治理模式，该模式由政府发起，一个或多个政府部门、非政府部门一起参与，强调政府在协同治理中"对合作过程适度管理""设置和维护明确的基本合作规则、建立相互信任、促进对话"，我国多采用这种模式；二是利益相关者协同治理模式，该模式由政府、企业、公众、民间环保组织等环境利益相关者组成，为了解决一个复杂的公共难题而协同工作并制定相关政策的过程，强调协同治理是一个协商的过程，国外多采用这种模式；三是跨界环境协同治理模式，该模式是为了实现一个公共目的，使人们有建设性地参与跨部门、跨不同层级政府或跨公共、私人、公民团体的，公共政策制定和管理的过程和结构，它包含多伙伴治理，即包括政府之间、私人部门、公民社会和社团，还有联合政府，以及诸如私营和社会伙伴、公私伙伴、联合管理等多种混合制度安排，这种模式在国外也比较常见（蔡岚，2015）。

协同治理具有三个显著特点：第一，协同治理是通过政府、企业、公众、民间环保组织等共同参与、共同协商，取得共识，围绕那些公共难题来制定和实施政策的治理模式。第二，不同于传统的管理模式，协同治理是以共识为导向的，商议过程被认为是协同治理框架的核心，一旦能达成共识，那么协同治理的决策执行将是顺利和迅速的。第三，协同治理的决策过程遵循平等原则，每一个参与者在集体决策中会有平等的机会来反映其偏好。

国外发达国家和地区在环境协同治理相关研究和实践处于领先地位，以美国为代表的西方国家在环境协同治理实践中取得了成就，因此，吸收国外经验和教训，对我国乃至京津冀区域构建环境协同治理体系具有良好的借鉴意义。

（二）跨区域协同治理研究进展

跨区域治理是指彼此行政边界相邻和功能重叠的两个或两个以上不同辖区的公共部门，联合公共部门、私营部门、非营利组织及其公民来共同治理较难处理的区域性公共事务（汪伟全，2014）。而政策网络理论和协同治理理论则是跨区域治理的理论渊源。20世纪70年代末，基于各类社会问题的复杂化及国家政策主体的碎片化、部门化和分权化，美国著名政治学家卡赞斯坦（Katzenstein）提出"政策网络"，强调多元主体的协商合作，即"一群因资源依赖而相互连接的群众或复合体，自行组成网络，这些网络参与者之间的互动构成了政策网络"（王喆，2015）。而协同治理理论的首次实践是英国的"协同型政府"改革，协同治理是在政府、私人部门与非政府组织之间，不同层级或同一层级内部和不同职能间三个维度内的政策、规则、监控、服务供给等过程的整合。

目前，国际上跨区域治理理论的研究主要分为：①以行政权威建立"巨型政府"的"传统区域主义"。加州大学伯克利分校国际关系学教授哈斯（Haas）的"新功能主义"认为，整合过程中会产生"溢出效应"，可通过升级各国或各地区的共同利益来促进区域一体化。②以市场机制为手段的"公共选择理论"。个体的理性会导致集体的非理性，因此需要通过竞争、市场化、联合生产等市场机制来提供公共产品或服务。③以综合性网络合作为体系的"新区域主义"。区域统一是一种包括政治、经济、文化等多维度的过程，多层级政府方法、功能链接方法、综合网络方法是其三种主要实践途径（曼瑟尔·奥尔森，1995）。

国内区域协同治理研究起步较晚，2000年之后相关研究才开始出现，近几年逐渐增多，但相关研究总体较少。研究主要围绕区域协同治理的范畴、地方政府间合作的内涵、协同治理模式、地方政府合作对区域一体化的影响、协同治理制度机制、路径和对策、国外借鉴、区域大气污染协同治理等方面。汪泽波等人（2016）以京津冀环境治理问题入手分析区域环境协同治理的必要性，总结了多中心治理与环境协同治理理论与实践发展的现状，尝试着提出基于政府、企业、民众、非政府环保组织"四中心"区域环境协同治理模式，分析其各参与主体在治理过程中的角色与责任，以及利用道德的力量促使环境治理目标实现的必要性。余敏江（2015）基于社群主义视角，认为将社群主义的观念植入区域生态环境协同治理的实践中，通过培育利益共享体、责任共同体，重塑治理主体间的信任机制，使地方政府、企业、社会公众形成有机的合力，实现区域生态环境治理的"协同化"。郭施宏等人（2016）基于府际关系理论视角，提出通过伙伴关系的构建、府际利益的协调、法律法规的保障和治理信息的共享来构建京津冀大气污染协同治理模式。曹海军（2015）基于新区域主义理论突破了传统府际关系中的政府管理思维和管制模式，在顶层设计方面提出了在中央层面成立高级别的区域发展协调机构、地方政府间的行政协议等制度创新。高明等人（2014）基于巴纳德系统组织理论与协同治理理论在内涵上具有契合性，在其论据支撑下探索了从原有区域治理模式跨度到区域协同治理模式的路径要求，即协作的意愿、共同的目标、信息的交流、权威的来源、职能的界定和科学的决策。王娟等人（2017）在分析京津冀环境治理现状以及立法现状的基础上，从完善立法原则、立法主体、构建信息交流平台以及公众立法参与制度等方面提出建立区域立法机制，同时从制定统一立法、清理现有法规等方面提出完善京津冀区域法律法规的路径。王喆等人（2015）基于生态治理利益相关者的多元化和区域性环境问题的"脱域化"特征，提出京津冀生态环境一体化建设要从区域多元主体协同治理和区域府际协同治理两大路径入手。崔晶（2013）认为从制度集体行动的视角看，地方政府生态协作治理整体目标上的偏好差异、生态治理公共物品的属性、合作成员间影响力不均衡等因素均影响着都市圈地方政府生态治理的协作。破解地方政府区域生态治理协作的困境，需要建立利益补偿和财政转移支付制度，建立水权和污染权交易机制，提升官员政绩考核体系中生态治理指标的权重。王家庭等人（2014）认为通过建立跨区域的生态治理机构来协同地方政府行为，在区域一体化基础上利用市场机制来实现生态资源以及要素的合理配置，通过鼓励公众参与和社会监督来实现区域内生活方式的转型与生态治理政策的落实，最终形成京津冀区域生态治理中不同地区政府、市场和社会的有效协同。乔花云等人（2017）以共生理论为分析框架，基于京津冀区域生态环境治理现实条件的分析，认为对称性互惠共生应该是当前京津冀生态环境协同治理的模式选择，并以"共生责任目标的确定、执行及改进"和共生关系的可持续性为中心构建对称性互惠共生治理模式下的京津冀生态环境协同治理的运行机制。潘静等人（2017）以协同治理为切入点，深入探究京津冀区域环境治理中政府协同所处的僵局及其诱因，从机构权威化、法律体系化、政策标准化、利益协调、生态补偿五个方面对环境治理中的京津冀区际协同进行制度构建。

二、世界各国资源环境管理体制

（一）中国资源环境管理体制

1.中国传统的环境保护管理体制

中国传统的环境保护管理体制是以环保法为依据的条块体制[①]，即以层级制和职能制相结合为基础，按上下对口和合并同类项原则建立起来的从中央到地方各层级政府大体上同构的政府组织和管理模式（赵建军，2016）。这是以行政调整机制为主，即通过行政性政府组织，以行政手段，如政府责令企业限期治理污染等行政命令措施，调整人与人的关系和人与自然的关系。在行政调解系统中占主导的是中央政府的统一协调，但也有越来越多的地方性区域联合加入环境管理的合作当中（蔡守秋，2011）。

一直以来，中国对于环境跨域管理依然是由中央政府来主导的，表现在：

一是中央一级制定环境跨域治理相关法律法规，为全国跨域治理提供整体思路和方向，例如，《中华人民共和国水污染防治法》（2017年修订）、《中华人民共和国环境保护税法》（2016年12月25日通过）、《中华人民共和国环境保护法》（2014年修订）、《国务院关于落实科学发展观加强环境保护的决定》（2005）、《国家突发环境事件应急预案》（2014）、《2009—2010年全国污染防治工作要点》《重点流域水污染防治专项规划实施情况考核办法》《关于推进大气污染联防联控工作改善区域空气质量的指导意见》等。

二是中央制定跨区域环境保护整体规划，统筹行政区之间的环境政策、产业布局、基础设施建设等，从整体上确保其环境管理工作能够衔接，如《全国生态保护"十三五"规划》（2016）、《长江经济带生态环境保护规划》（2017）等。

三是环保部统一监督管理。进入21世纪，环保总局加大了对地方的监管力度，相继推出了一些强有力的行政惩罚手段。2005年年初，环保总局以"严重违法环境法律法规"

---

① 国家环境保护部对全国环境保护实施统一监督管理，各级地方政府分别对本行政区划内的环境问题负责，地方政府内设立环境保护部门，具体承担此项工作，地方环境保护部门受环境保护部的业务指导。

的名义，叫停了30个总投资超过1179亿元的在建项目，此举被称为"环评风暴"，自此，环保总局每年都掀起一场环保风暴，叫停部分污染严重的项目，2005年主要针对火电项目，2006年主要针对石化项目，2007年则主要针对重污染水域（孙秀艳，2007）。2007年，为了遏制高耗能高污染产业的迅速扩张趋势，环保总局启动了"区域限批""流域限批"政策，来惩罚严重违规的行政区域、行业和大型企业。"流域限批""区域限批"作为环境保护部贯彻落实国家宏观调控政策、执行环境保护法律法规的重要手段，有效遏制了环境保护中的违法行为。但是，这种中央统一的监督管理执法"风暴"，在实际执行中的效果并不十分理想，一方面是因为执法时涉及的水利、林业等其他部门并不积极参与；另一方面是因为环保领域实行属地管理原则，地方环境保护局受到地方政府的制约，很难发挥实质性作用。"区域限批只是手段，只是环境监管部门行政权力的最大化使用。中国环境问题的最终解决，不在于一个部门的几次执法和几项新政策，而在于体制与法律的真正改革，在于公众监督力量的真正形成"。

四是设立综合协调机构。2008年国家环保总局升格为国家环境保护部，制度化地赋予了环境保护部在环境政策、规划和重大问题方面更多的统筹协调职责，强化了它在环境政策、环境规划和重大环境问题方面的参与权、话语权，加强了其在协调跨部门、跨地区、跨流域的环境保护事务的职能（张占斌，2010）。2018年3月，国家整合国土资源部、发改委等8个部门相关职责，组建了自然资源部，着力解决自然资源所有者不到位、空间规划重叠等问题，还组建了生态环境部，制定并组织实施生态环境政策、规划和标准，统一负责生态环境监测和执法工作。另外，为了处理跨地区和跨流域重大环境纠纷，华东、华南、南北、西南、东北等地区设立了环境保护督察中心；水利部下设黄河水利委员会、长江水利委员会、珠江水利委员会、海河水利委员会、松辽水利委员会、淮河水利委员会、太湖流域管理局等，在所辖流域内，负责统一管理水资源、流域规划、保护水资源环境等（王干，2008）；设立全国环境保护部际联席会议，负责协调国家突发环境事件应急预案；设立京津冀及周边地区大气环境管理相关机构，重点解决京津冀区域大气环境问题等，发挥中央环境保护部门的综合协调作用。

地方政府之间也通过共同制定跨域环境管理地方法规与政策、规划，签订合作协议，设置地方区域环保机构，建立协调机制、区域环保监控网络、执法联动机制、生态补偿机制等举措，加强合作管理，不断创新。例如，京津冀区域《水污染突发环境事件联防联控机制合作协议》（2015），《长江三角洲地区环境保护合作协议（2009—2010）》，《珠江三角洲环境保护规划纲要（2004—2020年）》，福建省《江河下游地区对上游地区森林生态效益补偿方案》（2007），无锡市推行的"河长制"，以及江苏省组建苏南、苏中、苏北三个省级区域环保督察中心等。

　　然而，这种条块体制尽管能够满足国家进行社会管理的基本需要，但随着社会经济的发展以及生态问题的日益严重，也逐步暴露出一些严重的问题。主要体现在以下几个方面：一是环境保护职责不清，权责不明。《环保法》虽然规定了环境保护部门的责任，但是规定比较笼统，界定不够明晰，环保部门与县级以上政府有关部门各自管辖范围的规定分散在各种相关法律法规之中，没有形成完善的权责体系，且部门间块状化分割严重，责任不清，缺乏统一执行力。同时，基层环保部门普遍存在权力和责任不对称问题，客观上也造成对污染问题的责任追究难以落实。二是容易助长地方保护主义思想。地方政府虽然在中央政府的领导下，但一些地方政府为了维护地方利益，出现违背中央的决策与国家法律法规的现象，如地方政府一味地追求地方经济发展，在招商引资和项目建设过程中，违反环境法律法规。这种现象不仅阻碍了中央的决策和法律法规的贯彻执行，也干预了环境监测监察执法，大大削减了中央在环保领域的行政管控能力。三是跨区域环境管理与机制实施困难。在传统的环境保护行政管理模式下，地方政府作为相对独立的行政主体，在一定的辖区内自主行使环境管理权并承担相应的责任，相互之间的关系十分松散。而生态环境作为一个系统，具有整体性、区域性、流动性和不可逆性，需要不同地方政府之间进行跨区域的协同管理与治理。尽管我国《环保法》对于跨区域环境问题有"建立生态破坏联合防治制度""上级政府介入解决，或者涉事的相关政府协商解决"等许多规定，但这些规定一直缺乏配套的实施细则，没有针对性的解决办法和程序规定。而且对环境纠纷规定的协商解决，没有引入纠纷法律解决机制（赵建军，2016）。另外，对规范和加强地方环保机构队伍建设形成了阻碍。

　　2.垂直管理制度

　　为了解决制约环境保护的体制机制障碍，标本兼治加大综合治理力度，推动环境质量改善，2016年9月，中共中央办公厅、国务院办公厅印发了《关于省以下环保机构监测监察执法垂直管理制度改革试点工作的指导意见》（以下简称《意见》），要求各地区、各部门结合实际认真贯彻落实。河北、上海、江苏等12个省（市）提出了垂直管理制度改革试点申请，到"十三五"末全国省以下环保部门将按照新制度运行。在十九大报告中提出，要加快生态文明体制改革，完善生态环境管理制度，省以下的环保机构监测执法监察制度改革也是其中的重要组成部分。

　　《意见》如下：①市、县环保部门职能上收。市、县两级环保部门的环境监察职能将由省级环保部门统一行使，通过向市或跨市县区域派驻等形式实施环境监察；市级环境监测机构将调整为省级环保部门驻市环境监测机构，由省级环保部门直接管理，人员和工作经费均由省级承担。②取消属地管理。实行以省级环保部门为主的双重管理，主要领导均由省级环保部门提名、审批和任免，而县级环保局调整为市级环保局的派出分局，由市级环保局直接管理，领导班子成员由市级环保局任免。③强化地方环保部门职责。省级环保部门对全省环境保护工作实施统一监督管理，在全省范围内统一规划建设环境监测网络，对省级环境保护许可事项等进行执法，对市县两级环境执法机构给予指导，对跨市相关纠纷及重大案件进行调查处理。④落实地方党委和政府对生态环境负总责的要求。试点省份要进一步强化地方各级党委和政府环境保护主体责任、党委和政府主要领导成员主要责任，完善领导干部目标责任考核制度，把生态环境质量状况作为党政领导班子考核评价的重要内容。⑤规范和加强地方环保机构和队伍建设。要统筹解决好体制改革涉及的环保机构编制和人员身份问题，不断提高专业水平，将环境执法机构列入政府的执法部门序列，依法赋予环境执法机构实施现场检查、行政处罚、行政强制的条件和手段，明确环境执法人员统一着装，增强环境执法权威性。此外，《意见》还提出了加强跨区域、跨流域环境管理方面的规定，指出试点省份要积极探索按流域设置环境监管和行政执法机构、跨地区环保机构，有序整合不同领域、不同部门、不同层次的监管力量；省级环保厅（局）可选择综合能力较强的驻市环境监测机构，承担跨区域、跨流域生态环境质量监测职能；试点省份环保厅（局）牵头建立健全区域协作机制，推行跨区域、跨流域环境污染联防联控，加强联合监测、联合执法、交叉执法。

由此可见，垂直管理就是由上到下、由下到上的管理模式，一个部门的管理需要有机制、有条理地运行，那么采用垂直管理模式就可以起到上传下达，层层落实，级级把关，提高效益和质量，将对省级部门权力扩大、市县执法重心下移、人事任免权力调整、地方环保责任增强等起到重大影响。首先，垂直管理制度有助于提升国家的宏观调控能力，能够进一步理顺中央与地方的关系，完善地方政府履行环保职能的激励机制，使地方政府积极主动地承担环保责任，极大地增强了中央在环境保护工作中的控制力，提高中央决策意图的贯彻执行力，保证顶层设计在地方得到有效落地。其次，明确地方环保部门更为独立、灵活、权威的身份地位。它通过派出机构等制度设计，有效改善基层环保力量弱、执法难的状况，促使地方政府更好地履行环保责任，从制度上规避和克服了过去一些地方重发展轻环保、干预环保监测监察执法、环保责任难以落实等问题；通过提升地方环保部门执行力度，把环保责任落实在地方，进一步强化地方党委和政府的生态环境保护主体责任。再次，垂直管理通过统筹协调区域性环境防治机构，探索跨区域、跨流域环境管理可行路径。垂直管理的主要目的之一就是要打破行政区划界限，以生态系统的完整性为前提，根据环境问题的具体特点和影响范围来开展环保工作。并以区域环境问题处理为导向，努力打破环境治理中的地块性问题，调整不同地方主体间的环境利益冲突，把分散独立的利益主体打造成区域环境利益共同体，从而实现区域环保力量的有机整合，满足生态系统整体保护的要求。

实施垂直管理制度改革，是实现生态环境治理体系和治理能力现代化的新支撑。环保垂直管理制度改革，改体制、调机构、动人员，不只是机构隶属关系的调整，也涉及监测、监察、执法、许可、审批等环境治理基础制度的重构。全面落实环保垂直管理制度改革要求，将有力推动地方环保管理体制创新、完善制度、配套政策、明晰职责，提高环境管理的整体效能，提升生态环境治理体系和治理能力的现代化水平。

当然，垂直管理的实施将会面临诸多问题和挑战，尤其是县级环保机构上交后，地方政府如何开展辖区内环境的治理，垂直管理后如何调动地方环保的积极性，如何形成多部门之间的管控联动体系和运行机制，如何加强垂管部门的权威性等，这些都有待在实践中不断改进和完善（赵建军，2016）。

3.企业、非营利组织及公民的参与

在中国融入全球化经济的进程中，越来越多环保类的国际非政府组织（INGO）进入中国，或者设立代表处，或者寻找合作伙伴，或者发展组织成员，他们凭借所掌握的资金、技术、专业知识、专家人才以及国际关系，广泛涉及中国的环保事业。他们的到来，对中国社会的发展产生了积极的促进作用，带动了企业及公民更加积极地参与到跨域环境治理当中。

（1）企业的参与

在很多的跨域环境污染事件中，相关的企业都是源头。随着制度的发展和法律法规的健全，一小部分企业自身进行环境管理的积极性和主动性逐渐增强，开始主动参与到跨域环境治理当中，及时有效地与政府、非营利组织进行协调与沟通，推动跨域环境污染问题的解决。其中，主要的方式就是承担环境社会责任，具体来说，即注重制度创新、技术创新，寻找新能源，转变企业生产方式，加大企业环境保护力度，例如，为保证2008年北京奥运会顺利举办，首都钢铁集团整体搬迁，并进行了结构调整，对搬迁过程中产生的污染物进行妥善处理处置，杜绝大气、水体及土壤污染问题的发生，集中体现了企业对于环境保护的社会责任。另一种重要的方式就是环境信息公开，即对公众公开其包括污染物排放信息在内的环境信息，以便公众监督，并且实行清洁生产，从源头消除并减少污染。2005—2009年，海尔集团每年都发布《海尔环境报告书》，披露其环境信息。还有一些上市公司逐渐开始重视环保方面的信息披露，例如，江西铜业2009年的社会责任报告就显示，江西铜业累计环保投资达7.36亿元，建成"三废"处理装置180余台（套），环保设施运行费用每年达2.2亿元。

（2）非营利组织的参与

在政府的扶植与支持下，中国非营利环保组织发展迅速。"中国环保民间组织现状调查报告"结果显示，截至2008年10月，全国共有环保民间组织3539家，其中，由政府发起成立的环保民间组织1309家、学校环保社团1382家、草根环保民间组织508家、国际环保组织驻中国机构90家。此外，中国港澳台地区的环保民间组织约有250家。随着环保民间组织的壮大和发展，环保民间组织在影响政府环境政策、监督政府更好地履行环保职责、开展环境宣传教育、推动公众参与等方面都起到了积极的作用（中华环保联合会，2010）。例如，中国环境保护领域十分活跃的非营利组织之一——中国政法大学环境资源法服务和研究中心，又称污染受害者法律帮助中心，是一个通过自筹经费帮助污染受害者依法维护公民环境权益的民间环境法律援助组织。这一组织主要通过为污染受害者提供法律帮助以及积极推进中国环境法治建设的方式来参与环境治理，还承担和参与了《水污染防治法》修订草案、《公众参与环境保护办法》等多项法律、法规和规章的起草。

（3）公民的参与

随着公众环保意识的逐渐增强，随着污染问题渐渐切实影响到公众的日常生活，中国公民参与环保事业的热情逐渐高涨。政府在各种文件中体现出鼓励公众参与环保事业的态度，为公民参与环保创造了一个相对宽松的制度环境。《国家环境保护"十三五"规划》指出："通过法律拓展公众参与环保渠道，健全环境立法、环评、规划、重大政策和项目等听证制度，建立政府、企业、公众及时沟通、平等对话、协商解决的机制和平台。完善社会监督机制和激励机制，引导公众对政府环境管理与企业环境行为进行监督，鼓励有奖举报并保护举报人利益；发挥社会组织在生态环境管理中的积极作用，鼓励环保公益组织参与社会监督。"

（二）美国资源环境管理体制

美国的地方政府和各类社会组织数量庞大并且相互之间关系复杂。一方面，同一层级的政府单位如州与州之间、县与县之间以及自治市与自治市之间保持横向联系并且互相作用、互相影响。另一方面，不同种类的地方政府间并不是以等级式结构来构建严格的上下级关系，联邦政府和所有的州和地方政府之间、各州及各类地方政府之间都存在着比较大的自主权，构成了错综复杂的关系。随着经济社会的发展，这种错综复杂的关系容易成为经济社会进步的阻碍，建立资源环境跨区域管理机制就显得十分必要。

1. 美国资源环境跨区域管理的基础

从1969年开始，美国国会通过了一系列的联邦条例，从国家层面来规定环境质量的管理，运用新的法律授权来保护空气、水和土壤。这些措施在接下来的25年中取得了良好的效果。但是，随着时间的推移和全国性环境问题的解决，其弊端不断显现。1990年，国家环保局科学顾问委员会认为，当时大多数剩下的环境问题都是实地的，从地区到地区不断变化，要求区域、州或者地方层级的专门控制来达到有效缓解。全国性的政策已经不能适应地方的特殊需求。更具弹性的区域性地方联合治理机制成为环保分析家、政府官员以及环保领域的活动家的新选择。

合作联邦制为区域合作奠定了良好的制度基础。合作联邦制（Cooperative Federalism）是指国家、州以及地方政府是合作的、互动的代理人，联合起来工作以解决共同的问题。合作联邦制有两个维度，一个是纵向的维度，第二次世界大战期间联邦、州及地方政府之间在管理民防方面的合作就是值得一提的例证；还有一个横向的维度：即州与州之间的互动与关系，这类州际关系可以有多种形式，包括州际协议以及为特殊目的而设立的委员会，如流域管理、交通运输、罪犯引渡、保护森林资源和野生动物、公园及游乐园管理等（欧阳帆，2011）。

2.美国资源环境跨区域治理的管理机构及运行机制

（1）联邦政府层面

美国联邦政府层面主要设有两个专门的环境保护机构。一是环境质量委员会（Council Enviromental Quality，CEQ），该委员会是1969年根据《美国环境政策法》而设的，隶属于美国总统办公室。它的主要职责是为总统提供环境政策方面的咨询，并监督、协调各行政部门有关环境方面的活动。环境质量委员会成立初期，在美国的国家环境事务中地位非常重要，在当今美国的环境管理运行体制下，其地位有所减弱。二是美国国家环保局（Environmental Protection Agency，EPA）。该机构代表联邦政府全面负责环境管理，是各项环境法案的执行机构，它的宗旨是保护人类健康、保护人类赖以生存的空气、水以及土地等自然环境。该机构并不隶属于环境质量委员会，具有独立地位。该机构人员主要包括两大部分：一部分是负责制定环境政策的人员，另一部分是负责政策具体实施以及监督各个州的政策落实的人员，分布在全美国的10个区域办公室。此外，还有分散在华盛顿以及美国其他各地的美国环保局直属研究人员为政策的制定进行支撑。美国国家环保局通过与各州政府建立的伙伴关系、编制项目财政预算、编制州项目实施计划进行环境管理，并通过区域环境办公室，监督各州的环境政策与项目的实施。EPA与各州是伙伴关系，而不是领导关系（中国环境与发展国际合作委员会秘书处，2008）。

除了上述两个专门机构，联邦政府其他有关部门也设有相应的环境保护机构，主要包括内政部及其下属的土地管理局、渔业和野生动物局、国家公园管理局等管理机构。为了有效保障EPA环境管理效能和权威，联邦政府要求EPA必须与十多个其他联邦机构，如消费品委员会、联邦能源控制委员会、联邦海事委员会、食品与药品委员会、联邦运输部、核能源控制委员会、能源利用与再生能源办公室等建立协调合作的工作机制（马英杰，2011）。

（2）地方政府层面

在地方政府层面，美国各州都设有州一级的环境质量委员会和环境保护局，它们是美国环境保护中的实权部门，州环保机构享有实施和执行法律的权力，还可依据州的环境保护法规享有环境行政管理权。但各州环境保护工作的兼管情况十分普遍，如大气污染在很多州都是环保局的职责，但在另一些州则由健康局、自然资源局或者一个专门委员会来负责。各州的环境管理机构人员由各州自行决定，负责人、预算与联邦的机制相似，由州长提名、州议会审核批准生效。各州环境管理机构的部分预算来自联邦政府所设立的全国性大项目，各州的环境管理机构在执行环境政策过程中出现的冲突由地方法院裁决。

（3）美国环境跨域治理中的公众参与

除了政府及其相关部门作为环境管理的主体，美国的公众以及民间环保团体、组织也是美国环境管理体制的重要组成部分，在推动美国的环境保护事业方面起到不可或缺的作用。从美国联邦环境保护机构的诞生以及相关环境法律法规的制定过程看，美国政府最初有关环境管理的几乎所有行动都来源于公众的参与和推动。公众对环境问题的关注很大程度上直接或间接地影响美国两党在每四年一次的大选成败。在美国各级政府的环境保护行动中，公众或民间环保组织始终是环境保护行动的始作俑者。联邦环保局成立后，美国政府也秉承这一良好"传统"，几乎所有联邦环境法律法规在制订过程中都征求公众意见，并要求联邦环保局在最后公布法规和重要的环境许可之前要考虑并及时处理公众意见；在制定重要法律法规或者涉及重大环境问题时，都要举行一次甚至多次公众听证会，公众提出的意见作为行动的主要依据之一。

3.美国的流域管理模式

美国流域管理的模式多种多样，从组织形式上可以分为两类：第一类是流域管理局模式，第二类是流域委员会模式。

田纳西流域管理局（Tennessee Valley Authority，TVA）是美国流域统一管理机构的典型代表，也是世界上诞生的第一个流域管理机构，由此发端，其后在世界范围内派生出了多元化的流域管理模式。但遗憾的是TVA模式在美国颇有争议，并没有得到广泛推广。

流域管理委员会模式是针对跨越多个行政区的河流流域成立流域管理委员会，成员由代表流域内各州和联邦政府的委员共同组成。各州的委员通常由州长担任，来自联邦政府的委员由美国总统任命。委员会的日常工作（技术、行政和管理）由委员会主任主持，在民主协商的基础上，起草《流域管理协议》，流域内各委员签字后开始试行，然后作为法案由国会通过。这样,《流域管理协议》就成为该流域管理的重要法律依据。根据其法律授权，流域管理委员会制定流域水资源综合规划，协调处理整个流域的水资源管理事务。目前，美国多个流域均设立这样的流域管理委员会，如萨斯奎哈纳流域委员会、特拉华流域管理委员会、俄亥俄流域管理委员会等。

【案例1】萨斯奎哈纳河流域治理模式

萨斯奎哈纳河（Susquehanna River）是美国的第十六大河流，并且是美国汇入大西洋的最大河流，也曾遭到了严重的生态破坏和水环境污染。多年来，萨斯奎哈纳流域委员会与联邦和地方政府密切合作解决萨斯奎哈纳流域的环境问题，主要采取了如下措施。

1.签订流域管理协议

萨斯奎哈纳河是联邦政府划定的通航河流，流经人口稠密的美国东海岸，涉及联邦和三个州的利益，需要三个州和联邦政府协调涉水事务，并且需要制定统一管理协调机制以监督水资源等自然资源的开发利用。因此，它们共同签订了《萨斯奎哈纳流域管理协议》（Susquehanna River Basin Compact），该协议经过纽约、宾夕法尼亚、马里兰州立法机关批准，于1970年12月24日经美国国会通过，成为国家法律得以实施，并指导流域水资源保护、开发和管理。

2.萨斯奎哈纳河流域管理委员会

为了更好地协同治理，又成立了流域水资源管理机构——萨斯奎哈纳河流域管理委员会（The Susquehanna River Basin Commission, SRBC）。SRBC的管辖范围是71250平方千米的萨斯奎哈纳河全流域，其边界由萨斯奎哈纳河及其支流流域形成，而不是行政边界。作为一个州际间的流域机构，在《萨斯奎哈纳流域协议》授权下，该委员会有权处理流域内的任何水资源问题。该委员会负责制定流域水资源综合规划。这个规划是一个经官方批准的管理和开发流域水资源的蓝图。它不仅是流域委员会的规划，而且还是其成员（纽约、宾夕法尼亚、马里兰三个州和联邦政府）的规划，指导它们相关政策的制定。委员会的每个委员代表其各自的政府。来自联邦政府的委员由美国总统任命，三个州的委员由州长担任或其指派者担任。委员们定期开会讨论用水申请、修订相关规定、指导影响流域水资源规划的管理活动。四个委员各有一票的表决权。委员会在执行主任的领导下，组织开展技术、行政和文秘等委员会的日常工作。

更重要的是，流域委员会实现了跨域资源统筹水管理。例如，委员会管理枯季水量，促进水资源的合理配置，还在流域内设其他机构管理。委员会审查所有地表和地下水取水申请，注重公众的水资源权益，其作用是帮助确保所有用水户和河口地区接受足够的淡水。这不仅保护了环境，而且促进了经济发展和工业繁荣。

【案例2】美国水资源综合管理政策

1.联邦政府的综合管理政策方向

美国的流域管理分为水量和水质管理，一直以来，水量问题以水权为核心，通过州政府间的协议等进行管理，在水分配问题上逐步减少了联邦政府的介入。但在洪水管理问题上，流域综合管理是以工兵团和开发局为中心而进行的。1980年末，随着非点源污染的日益加剧，水质管理和流域的概念逐步提上日程，逐步形成了水资源管理的基本体系。

2.得克萨斯州流域综合管理体系

得克萨斯州的水资源是由联邦政府、州政府、地方政府联合管理，形成三方共同协作的有机整体。其中，联邦政府负责制定方针，州政府层面的组织——自然资源保护委员会与水资源开发委员会负责水质、水量问题，地方政府执行具体计划。

（1）得克萨斯州自然资源保护委员会

得克萨斯州自然资源保护委员会（Texas Natural Resources Conservation Commission, TNRCC）是以保护自然环境、维持区域可持续发展为目的，进行清洁水、清洁大气及废弃物的安全管理。

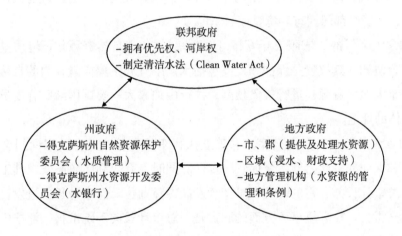

图5-1　得克萨斯州水质管理体系

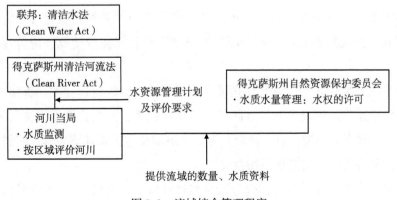

图5-2　流域综合管理程序

（2）得克萨斯州水资源开发委员会

得克萨斯州水资源开发委员会（Texas Water Development Board, TWDB）的主要职责包括：指导地方政府水供给项目的实施，为区域水资源规划等提供财政支持，整理、研究每个州的海湾、河口的用水需求资料。此外，进行水权管理和促进水资源转移、经销、租赁的"水银行"管理，以及运行德州水托管（Trust）*等。

*水托管（Trust）——维持环境流量、保护水权。

摘译自《流域综合管理案例集（韩国）》

（三）加拿大资源环境管理体制

1.加拿大环境管理机构设置

加拿大的环境管理与美国有一定的相似性，由联邦政府和各省区政府共同负责。在联邦这一级，有三个部门拥有环境管理的职责。

一是加拿大环保部。依照《环境部门法案》，它负责自然资源与环境质量相关政策和项目的综合协调。其权责是保护和提高包括水、空气和土壤质量在内的自然环境的质量，保护加拿大的水资源，进行气象预测，执行由加拿大—美国国际联合委员会制定的有关边界水体的规定。

二是加拿大的总审计长办公室。它独立执行审核和检查业务，以向国会提供客观信息、建议和保证，以此监管、督促政府责任。同时，有权利向政府索求其工作需要的信息并确定总审计长办公室的环境和可持续发展专员地位。总审计长通过发言人直接向国会下院提交报告。在环境事务方面的职责是：总审计长向下院汇报，汇报内容包括有关部门是否达到国家可持续发展战略和行动计划中制定的目标，以及他所认为应该引起下院注意的、与环境和可持续发展的其他问题。作为环境和可持续发展专员，要求政府说明对其政策、运行项目中有关环保方面的考虑和计划，向下院汇报应该注意的与环境和可持续发展有关的所有战略和行动。25个联邦部门和局都要制定可持续发展战略，并且由环境和可持续发展专员对各个部门实施进展和目标完成情况进行监督（葛察忠，2004）。

三是加拿大环境评价局。它是根据《环境评价法案》规定建立的，直接向环保部部长汇报，并独立运作。该局负责管理联邦环境评价程序，并向公众提供参与的机会，以保护和维持一个健康的环境，以满足公众对于经济增长与健康环境协调发展的期望。

2.加拿大环境管理体制的运行和发展

目前，加拿大所面临的环境问题包括自然资源管理、气候变化、水污染、固体废弃物管理、生物多样性保护等。在环境保护方面，加拿大设有自然资源部和环保部两个主要环境管理机构。在管理理念上，20世纪90年代以来，尤其是1992年里约热内卢世界第二次环境与发展会议后，十分注重将可持续发展原则融入实施资源与环境管理之中，具体举措包括如下。

一是环境管理行动均以可持续发展战略的法律为基础和依据，以加拿大环保部《可持续发展战略（2007—2009年）》为例，根据1995年的《总审计长法案》（Auditor General Act）的修正案要求，相关专业部委必须每三年准备和更新一次可持续发展战略，以确保加拿大环保部可持续发展战略的规范性、连续性和务实性。各省根据联邦宪法规定的"责任分担"原则，联邦、省、市三级之间分工明确，职责清楚，各省根据宪法授权制定相关环境法规。

二是建立高效的环境管理协调机制。加拿大各级政府间的环境管理协调机制主要通过环境部长会议和资源部长会议两个高层会议加以实现。加拿大环境部长会议由各大区的所有环保部长组成，每年至少举行一次会议讨论迫切需要解决的环境问题，并确定下年度的工作计划。加拿大资源部长会议由负责管理森林、公园、野生动植物、濒危物种和鱼类及水产等自然资源的部长组成。在省政府和地区政府之间，则建立另外一种协商机制。以安大略省为例，安大略省与城市市政联合会签署有"谅解备忘录（Memo Of Understanding，MOU）"。流经加拿大魁北克等省的圣劳伦斯河水污染的有效治理与这种高效的环境管理协调机制密不可分（铁燕，2010）。

另外，加拿大在环境管理体制上与美国有一个非常相似之处就是公众参与。但是加拿大的公众参与在组织体系、选择方式、决策参与等各环节更加有效。这与加拿大的环境NGO组织咨询制度和公众富有环境意识的高素质密不可分（燕乃玲，2007）。加拿大在全国有上千个NGO组织，实行网格化管理。

（四）法国资源环境管理体制

1964年之前，法国沿袭16世纪的水资源管理政策，对水资源按行政区域划分并进行管理。但随着人口增加、经济社会快速发展、水资源不足、污染与环境问题日益凸显，法国开始探索新的以流域治理为核心的组织管理体系，协调流域政府间的关系，实现流域水环境保护的协作治理成为其流域管理的重点。

1.建立多层级的流域管理体系

法国在1964年颁布了新的《水法》，从法律上强化了全社会对水污染的治理、确定治污目标，并将全国按水系划分为六大流域，建立以流域为基础解决水资源环境问题的机制。随着时间的推移，该机制不断完善，逐步形成以流域为对象的水资源管理体制，其管理机构分为国家、流域和子流域三个层次。

（1）国家层面

在国家层面，设立了国家水委员会，委员会由国会议员、各个重要机构以及各大区的代表组成。国会议员任主席，负责引导国家水政策的发展方向、起草法规及规章等。委员会不负责具体流域管理，主要是站在国家层面起到建议、咨询和引导作用。

（2）流域层面

在国家层级之下，设置了流域委员会和流域水管理局。流域委员会是协商与制定方针的机构，它相当于流域范围的"水议会"，是流域水资源环境问题的立法和咨询机构。委员会由用水户、社会团体的有关人士以及水利科技方面的专家和学者的代表，不同行政区的地方官员代表，中央政府部门的代表等组成。流域委员会的主席由上述代表通过选举产生。流域委员会是非常设机构，每年召开1～2次会议，通过一些相关决议。流域水管理局是具有管理职能、法人资格和财务独立的事业单位，水管理局局长由国家环境部委派。水管理局的主要职能为征收用水及排污费，制定流域水资源开发利用总体规划，对流域内水资源的开发利用及保护治理单位给予财政支持，资助水利科学研究项目，收集与发布水信息，提供技术咨询。该机构对流域实行全面规划、统筹兼顾、综合治理，包括污染防治综合管理，有效促进了法国流域环境资源的合理利用和保护（欧阳帆，2011）。

（3）子流域层面

子流域可成立子流域水务委员会，负责拟定与流域水资源开发、与管理总体规划相适应的子流域水资源开发和管理计划。这种计划也具有行政法规性质，明确各项目标要求（用水量控制、水资源和水生态保护、湿地保护等），并根据当地情况，制定一系列行动计划，如教育宣传、河流保护与开发、雨水控制、防洪、污染防治、地表水及地下水保护、生态系统与湿地恢复等（韩瑞光，2012）。

国家水务委员会、流域委员会和子流域水务委员会之间相互关联，但并不具有直接的隶属关系。

2.环境跨区域治理中的多方参与

（1）政府

涉水事务的主管部门是"生态、能源、可持续发展与海洋部"（简称生态部），负责制定与协调水资源环境政策。生态部于2007年由几个相关部委合并组成，集中管理生态、交通、能源与海洋。生态部内设的水务部门负责设定并组织政府在水资源领域进行行政干预。生态部管理着"部际水务委员会"秘书处，该委员会受国家总理领导，纳入了所有与水有关的部委，以便于部际协调。生态部在地方上依托于三个层次的行政支撑：在6大流域，流域委员会总部所在大区的行政首长被任命为流域协调官，代表国家政府协调水资源管理事务；生态部在各大区和省的行政职能主要体现在技术支持和执法监督方面，帮助各大区的环境局等部门负责可持续发展等方面工作；各省的公共事务与农业局等部门通过"水执法"进行水政策执行的监督与技术支持（韩瑞光，2012）。

（2）公共机构

国家水域水环境管理署（ONEMA）为生态部提供重要支持。ONEMA是根据2006年年底通过的水域水环境法成立的一个国家级公共机构，预算来自水管局。ONEMA负责水域水环境的认知与监测，主要职能包括引导涉水科研项目的方向、管理国家水信息系统（并向高校、科研机构等单位提供数据支持）、协助执法并对违规行为进行记录以及参与基层的涉水行动（如组织水域水环境状态的诊断）。在法国，越来越多流域层次的公共机构积极参与到水资源管理中，法国已有几十个这类流域公共机构，它们通过与水管局签署总协议，或者与子流域水务委员会签订合同，承担防洪工程的建设与管理工作。

（3）民众参与

早在20世纪初期，法国的大型开发项目就已经设立了公开调查环节。近几年，对于特大型的建设项目，还成立了独立于行政主管部门的国家公共讨论委员会，确保公众的积极参与。在水资源管理领域，用水户代表直接参与到流域委员会中，普通民众也可通过多种渠道参与水资源管理。法国在20世纪70年代建立了流域委员会与公众之间的对话机制，欧洲水框架指令对公共协商提出了更高要求。按照该指令要求，法国于2005年推行信息公开与公众咨询，并在2008—2009年对流域规划等文件进行了公共咨询。公共咨询由流域委员会和流域协调官（代表国家政府）共同组织，水管局负责具体协调。大区的出版社、电视台、广播、网站、文件等都成为公共咨询的途径，相关资料在地方政府和水管局向公众进行为期6个月的公示，并设置意见簿以收集民众意见，民众也可通过给水管局写信或上网反映意见。每个流域委员会都有专门部门负责跟踪公众咨询情况。

【案例3】法国流域管理相关机构运行现状

1. 法国水管理概要

法国的国土面积为55万平方千米，其中，耕地约占51%。大面积的耕地为水源提供了广阔的缓冲地域，起到了保护水源的作用。流经Paris、Lyon、Marseille等大城市的河流下游已被污染，不能作为水源。据此，可将法国的取水水源分为3类。

1）由于广阔的缓冲区未被污染的河流地表水；

2）灰岩、沉积岩地带有限的地下水资源；

3）污染的河水地下渗透过滤后，再用泵抽取，用于取水水源。

2. 流域管理厅（Laennecde Idea）

水管理政策除了满足国家和地方的自治团体外，还应满足一般消费者、产业界、休闲产业、农业界，以及环境保护民间团体等的多样化需求，因此，法国根据1964年12月16日制定的《水质环境保护法》，把全国分为6个排水区，在每一区分别设置了流域管理厅（具有财政能力的管理工团）。

流域管理厅在事先协商、履行各自义务、相互协力的原则下运行，下设水管理委员会和流域管理局。流域管理厅受环境处的指导和监督，但拥有独立的财政权和事务的决定权，每个区域按照实际情况采取不同的运行方法。

摘译自《韩国环境技术情报中心》(http://www.konetic.or.kr/)

（五）日本资源环境管理体制

任何国家在经济发展过程中，都会面临如何协调经济发展与环境保护之间关系的问题，环境管理战略也要随着经济发展而转型。日本曾经面临严重的环境问题，后来在保护环境、构建循环社会等方面取得了巨大的成功，其独特的环境管理模式厥功至伟。

1.日本环境管理机构设置

1963年以前，日本的环境管理工作基本提上日程，某些环保工作由内阁各省分头管理。1970年，日本成立了由首相直接领导的公害防治总部，还为处理环境纠纷设立了"中央公害调查委员会"。1971年7月，根据《环境厅设置法》，日本环境厅正式成立。2001年，环境厅正式升为环境省。

日本从中央到地方各级政府都设有比较完整的环境保护机构。内阁设立专职的环境厅，直属首相领导，厅长为内阁大臣，总管全国的环保事业。环境厅本部设置长官办公厅、计划协调局、自然保护局、大气保护局、水质保护局和环境卫生部。下面按业务范围再设科室。由厅直接管辖的还有9个附属机构。

除环境厅外，日本还有16个省、厅和1个委员会根据各自的主管业务设立的管理环境的机构。此外，日本工矿企业环境管理机构也比较健全，根据日本政府规定，凡是职工人数超过20人以上的工厂，都要配备防治公害的环境专职管理人员。凡是排放烟尘40000立方米/小时或废水10000立方米/小时的大型企业，都必须设置主管公害的科室并配备管理公害的高级管理人员，专门负责企业运行过程中的环境问题。

公害对策会议是内阁总理大臣的环境咨询机构，处理有关都道府县制订的公害防治计划的问题；审议有关防治公害的措施并实行（图5-3）。环境省的主要职能是负责制定和监督执行环境政策、计划和环境标准；组织协调环境管理工作，监督环境法规的贯彻执行；指导和推动各省和地方政府的环境保护工作。其作用为：强化防治区域环境污染的对策，加强对废弃物品、废物再生利用的对策，加强综合环境政策的力度，对环境管理政策实施统一管理，密切与地区的合作关系。国立环境研究所作为"独立行政法人"，移交给其他机构。环境省下设环境大臣官房、废弃物和再生利用对策部、综合环境政策部、环境保健部、地球环境局、水和大气环境局、自然环境局等。各地方还设置地方环境事务所，主要监督地方政府执法，鼓励地方政府采取应对气候变化的措施，开展环保教育、提高公众环保意识，开展自然保护区、自然遗产保护、野生动物保护和管理等。

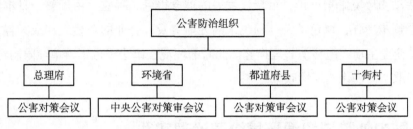

图5-3　日本环境管理机构设置情况

2.日本的环境保护与防治模式

从20世纪60年代的末端治理环境防治模式到70年代的基于生活质量提高的环保模式，到80年代的面向生产全过程的污染防治管理模式，到90年代的基于可持续发展的循环型环境管理模式，日本的环境管理战略发生了巨大的转型。

早在1964年，日本政府建立了一整套关于控制污染的法律环保体系，规范并引导企业进行低碳化生产经营。这一时期的环境管理主要制定环境保护法律政策，以解决公害为重点，制订了各方的排放计划、标准、环境责任以及公害赔偿问题；环境管理专注于末端治理，管理活动也被限制在地区性环境法规范围内；治理公害事件的前提是保证经济发展不受影响。此阶段的环境管理强调环境保护要与经济发展相协调，没有涉及防止污染发生的内容，在方法上具有被动性、后发应对性、暂时性等特征。

1970年，日本把保护自然环境作为政府的首要责任，根据修订后的《公害对策基本法》，环境立法的原则是关注国民健康，发展重点已经从经济优先转向环境优先。在这一阶段，日本的环境管理已从狭隘、消极被动的公害治理转向宏观、积极主动的环境保护，拓展了经济发展的范畴。此阶段，日本有效地遏制了环境恶化趋势，成为公认的环境管理先进国家。但此时的环境管理仍然属于事后补救型，还没有综合性的政策措施来对将来可能发生的公害事件进行预防。

20世纪80年代，日本国内经济呈现"大量生产、大量消费、大量废弃"的特征，全球环境危机开始恶化。日本进一步调整环境管理战略，把建立可持续的社会经济系统作为战略方向，开始强调在生产、消费环节的污染控制，通过制定环境政策来对产业结构进行调整，资本技术密集型产业开始代替资源密集型产业，向循环经济过渡。由于环境问题的共生性、跨区域性以及跨国界性等特征成为共识，日本公众环境意识得到了提升，产业界也开始自发实施环境管理。

20世纪90年代，日本环境管理战略的重点是经济与环境协调发展。根据1993年《日本环境基本法》，"环境立国"正式上升为国家战略，环境管理的战略地位再次得到提升。管理思路从单纯的保护资源转向可持续发展，管理重点从被动的治理转向了主动防控，关注经济活动的环境影响评价，可持续发展的理念得到了确立。由于整个日本社会的绿色环境理念逐步增强，绿色消费与绿色采购逐渐普及，企业的环境表现成为各方关注的焦点，促使企业主动实施环境管理措施。此时的环境法律法规也不再单纯限制污染行为，而是更多采取了市场化的环境政策。

三、国内外跨域资源环境协同治理实践

（一）美国田纳西河流域综合治理实践

1.田纳西河流域概况

田纳西河位于美国东南部，全长1050千米，流域面积10.5万平方千米，是美国第五大河流。田纳西河发源于美国东部的阿巴拉契亚山脉，自东向西呈"倒几字形"，流经弗吉尼亚、北卡罗来纳、佐治亚、亚拉巴马、密西西比、田纳西和肯塔基7个州，汇入密西西比河的支流俄亥俄河。流域内雨量充沛，气候温和，年降水量为1100~1800毫米，多年平均年降水量为1320毫米。距河口36千米的肯塔基坝址，年平均径流量573亿立方米。历史上田纳西河流域是美国最贫穷落后的地区之一。由于森林遭到破坏，水土流失严重，经常暴雨成灾、洪水为患。

2.田纳西河流域管理局的建立

田纳西河流域管理局的建立是相关利益者综合考虑整个流域管理与公众利益的新尝试。起初，开发田纳西河的主要目的就是通航。20世纪30年代，美国经济萧条时期，根据罗斯福总统的建议，美国国会通过了"田纳西河流域管理局法"，组建了田纳西河流域管理局（Tennessee Valley Authority，TVA），这是一个既具有联邦政府机构权力又具有私人企业主动性和灵活性的法人实体，位于美国田纳西州诺克斯维尔。

TVA采用公司运营方式，成立了董事会，董事长由总统提名，经参、众两院通过后任命。董事会人员由3人组成，每位董事任期9年，每3年更换一位董事，董事会主席由3名董事轮流担任。董事会直接向总统和国会负责。TVA的组织结构，由董事会按照明确的职责和提高效率的原则自主设置。根据相关法案，TVA具有如下职能：①相对的人事独立权。董事会有自主选择官员和员工的权力，不受美国公务法中相关条款制约；②土地征用权，TVA能够以美国政府名义征用土地，在法律许可的情况下，有权将其所有或管辖的不动产予以转让或出租；③项目开发权，可以在田纳西干流、支流区域修造水库、大坝，可以在流域范围内修建各类电站、输变电设施、通航工程并建立区域电网；④拥有流域内经济发展及综合治理和管理职能；⑤多领域投资与开发的职能。

在TVA的努力下，经过80多年的治理开发，田纳西河流域发生了巨大变化。田纳西河流域实现了在防洪、发电、航运、水质控制、土地利用和娱乐等方面的统一开发和管理，从最贫穷落后地区转而成为经济发达地区，20世纪80年代，流域内人均收入水平接近全国平均水平。

水资源综合开发是田纳西河流域治理的核心，而综合开发的核心就是梯级开发。梯级开发是对河流水能的开发，即在河流径流量较稳定较丰富的河段，在河流落差集中、水急滩多河段，按地势高低依次建设多个水电站，充分利用当地的水能，同时兼顾防洪、航运、灌溉、养殖、旅游等综合效益，真正实现了经济效益、社会效益和生态效益的统一（图5-4）。

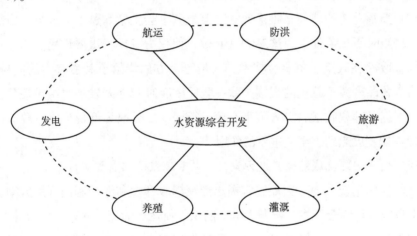

图5-4 田纳西河流域水资源综合开发情况

3.田纳西河流域治理经验

田纳西河流域管理局的建立有其特殊的历史背景，而TVA模式的形成与特定历史时期的经济发展水平、社会环境、历史人物紧密相连，是其他国家和地区无法直接复制效仿的，但建立这种模式的指导思想和运作实践，可以给我们提供有益的借鉴和启迪。

（1）建立统一的开发管理机构，并不断健全法规

根据"田纳西河流域管理局法"组建的TVA是一个专门的、统一的流域管理机构，该机构一方面是总统领导下的政府职能机构，董事会可直接向总统和国会汇报；另一方面，田纳西河流域管理局又是一个独立核算的大企业，具有独立法人资格，独立行使人

事权，直接从事整个流域各种项目的开发。这种双重职能使管理局既能作为联邦政府机构行使流域内经济发展及综合治理和管理的职能，且能够利用市场机制，对流域内各种生产要素进行合理配置，促进全流域经济的发展。实践证明，这种双重职能不仅保证了管理局各项开发工作和移民的工作顺利进行，还使田纳西河流域开发成了流域开发中计划手段与市场手段有机结合的典范。

（2）建立高效的开发治理组织结构

TVA的组织结构包括董事会和地区资源管理理事会，董事会具有政府权力，地区资源管理理事会具有咨询性质。董事会下设一个由15名高级管理人员构成的执行委员会，主管各方面的工作。理事会成员则包括流域内7个州的州长指派的代表、电力系统配电商的代表，以及防洪、航运、旅游和环境等受益方的代表、地方社区的代表。理事会每届任期两年，每年至少举行两次会议。这种多元主体共同参与的流域协同治理模式，有效促进了田纳西河流域水资源管理工作。

（3）TVA建设初期，政府起到了重要推动作用

TVA在罗斯福总统的建议下批准成立，首批董事会主席和董事会成员均由总统亲自指定任命，在当时历史条件下，这对TVA有效行使权力发挥了重要作用。作为首个政企合一的机构，政府在政策、资金、技术、人员等多方面均给予其强有力的支持。例如，TVA的启动资金即来源于总统的直接拨款；联邦政府对TVA开发项目给予拨款，按要求限额偿还；根据联邦税收法，TVA可享有免税待遇，之后改为低税征收。政府的扶持政策对TVA的早期发展起到了至关重要的作用。

（4）因地制宜制定流域综合开发方案，统筹管理流域内自然资源

结合流域实际情况，TVA因地制宜提出河流梯级开发和综合利用开发方案，对田纳西河流域水资源进行综合开发，兼顾发电、防洪、航运、灌溉、养殖、旅游等综合效益，同时对流域内生态环境进行修复和治理。至20世纪50年代，TVA基本完成田纳西流域传统意义上水资源的开发利用，同时对森林资源、鱼类资源和野生动物开展保护工作。20世纪60年代以后，随着对环境问题的重视，TVA在继续进行综合开发的同时，加强了对流域内自然资源的管理和保护，为提高居民的生活质量服务。

（5）流域综合管理促进地区经济社会的发展

TVA对流域水资源和其他自然资源的综合开发和管理，为整个地区经济社会发展带来了巨大效益。例如，电力系统为流域内800万居民提供了廉价电力；建立了全国最大的肥料研究中心，引导农民因地制宜合理利用土地；设立经济开发贷款基金促进了地区经济发展。TVA的综合开发有效保护了流域自然资源，促进了当地经济发展，同时为田纳西流域提供了大量的就业机会，极大地促进了整个流域的经济发展和社会稳定。TVA

还积极参与并提供技术和资金，支持流域内社区的长期发展。例如，提出"优质社区计划"，旨在对其电网服务范围内的社区，通过帮助其制定规划发展目标、行动计划、建立工作机构和提高领导水平，促进持续发展，以提高社区的长期经济竞争能力。

（二）长三角地区跨域环境治理中的地方政府协作

随着工业化、城市化的快速发展，长三角的生态环境面临着严峻考验，区域性和流域性的生态破坏和环境污染日益加重。随着经济社会发展，长三角各省市意识到环保合作的重要性，而且合作思路越来越清晰，合作内容越来越切合苏浙沪和区域整体的实际情况，长三角环保联盟的协作力度不断加深，内涵不断拓展（胡佳，2010）。

1.绿色长三角概念的提出

为了优化发展环境，进一步深化区域经济合作，2002年4月，江苏、浙江、上海两省一市政府在扬州召开苏浙沪经济合作和发展会议，会议提出要建设"绿色长江三角洲"，加强三省（市）在生态建设、环境保护、区域生态环境治理等方面的合作。次年3月，苏浙沪三地分别签订《经济合作和发展协议》和《经济技术交流与合作协议》，确定了"联合实施长江三角洲近岸各省（市）积极开展污染控制与综合防治工作""强化固体废弃物、污染物越界转移管理，以及加强区域生态建设和环境保护合作"等具体措施。同年8月，上海市在《关于世博会与长江三角洲经济共同发展的若干建议》中首次明确提出，借"世博会"的良好契机，打造绿色长三角；同年11月，长江三角洲地区环境安全与生态修复研究中心成立，这个由苏浙沪三地共建的"智囊团"，为长三角地区日益严重的环境污染问题提出了解决方案。由此，长三角地区的环保合作正式拉开序幕。

2.长三角区域环境合作协议的制定

2004年6月，在杭州开幕的"区域环境合作高层国际论坛"上，上海、浙江、江苏三地政府主管部门共同宣读了《长江三角洲区域环境合作倡议书》，这是国内第一份关于区域环境合作的宣言，认为环境问题本质上是跨越行政界限和地理空间的，提出将环境合作融入区域经济一体化的整体战略中，同时提出长三角要充分运用市场手段改进和发展环境管理新模式，将诸如排污权交易等有效模式作为区域环境合作的范例进行探索和推广。同年11月，在杭州召开的第四次苏浙沪经济合作与发展座谈会，确定了长三角地区下一步统筹协调的五大方面和区域合作的七项专题，其中包括创造良好的区域生态环境和区域生态环境治理等内容。

继2004年签订《苏浙沪长三角海洋生态环境保护与建设合作协议》后，2005年11月，在南京召开的长三角第五次经济合作与发展座谈会上，海洋环保成为区域生态环境治理专题的一个子课题，为推进行动计划进一步奠定了基础。除此之外，苏浙沪三地环保相关部门还共同推进了区域环保领域的规划编制工作，完成了《长江中下游水污染防治规划》。同年，为了贯彻国家新颁布的《城市供水水质标准》，苏浙沪三地正式成立"长三角地区城镇饮用水安全保障科技联盟"。 这意味着，来自苏浙沪15个大中城市的供水企业、高校和科研机构的水处理专家将共同监控长三角流域的饮水安全（胡佳，2010）。

3.长三角区域环境保护合作协议的落实

2008—2009年，长三角地区环保合作上了新台阶。2008年12月，苏浙沪在苏州签订《长江三角洲地区环境保护合作协议2009—2010年》，从6个方面确定了为期两年的区域合作重点工作，即提高区域环境准入和污染物排放标准、创新区域环境经济政策、重点推进太湖流域水环境综合治理、加强区域大气污染控制、建立全区域环境监管与应急联动机制、完善区域环境信息共享与发布制度。为确保区域合作重点工作的顺利推进，苏浙沪还确定了建立三地环境保护合作联席会议制度，定期研究区域环保合作的重大事项，审议、决定合作的重要计划和文件，并设立了联席会议办公室，负责执行联席会议做出的决定、制订年度工作计划、推进合作协议的具体落实。

到了2009年，苏浙沪环保部门借助《合作协议》，积极探索区域大气污染联防联控工作机制，在环境保护部和科技部以及上海市环保局的积极推动下，启动和编制了"2010年上海世博会长三角区域环境空气质量保障联防联控措施"，划定了以世博园区为核心、半径300千米的重点防控区域，加强合作沟通，严格控制污染物排放。由9个城市的53个空气质量自动监测站组成长三角区域环境空气自动监测网络，成为世博期间空气质量预警监测网以及长三角空气质量数据共享平台。同年4月，长三角地区环境保护合作第一次联席会议在上海召开，这标志着苏浙沪三地环保部门的环境保护合作进入实质性启动阶段，三地确定了创新区域环境经济政策、健全区域环境监管联动机制、加强区域大气污染控制三方面加强合作。还开展了健全区域环境监管联动机制、区域"绿色信贷"政策、长三角地区企业环境行为信息评级标准等保障措施（陆文军，2009）。同年8月，苏浙沪环保部门经过协商，联合制定了《长江三角洲地区企业环境行为信息公开工作实施办法》和《长江三角洲地区企业环境行为信息评价标准》，为推进区域企业监管一体化，提升区域环境管理水平进行了有益探索（高杰，2009）。

4.跨区域合作程度的进一步加深

2014年之后，长三角区域政府合作进一步加强，取得了系列进展。根据国务院《大气污染防治行动计划》相关精神，为加强长三角区域大气污染联防联控，建立长三角区域大气污染防治协作机制。2014年1月，长三角三省一市和国家八部委共同启动了长三角区域大气污染防治协作机制，并在上海召开第一次工作会议。会议明确了"协商统筹、责任共担、信息共享、联防联控"的协作原则，同时明确5项具体职能：一是协调推进党中央、国务院关于大气污染防治的方针、政策和重要部署在长三角区域的贯彻落实；二是研究长三角区域涉及大气污染防治的重大问题；三是推进长三角区域大气污染防治联防联控工作，通报交流区域大气污染防治工作进展和大气环境质量状况，协调解决区域大气环境突出问题；四是推动长三角区域在节能减排、污染排放、产业准入和淘汰等方面环境标准的逐步对接统一；五是推进落实长三角区域大气环境信息共享、预报预警、应急联动、联合执法和科研合作，建立起"会议协商、分工协作、共享联动、科技协作、跟踪评估"5个工作机制。会议还讨论了《长三角区域落实大气污染防治行动计划实施细则》，对当前和今后一个时期长三角区域大气污染防治重点工作进行了协调和部署。同年12月召开的长三角区域大气污染防治协作机制第二次工作会议在上海召开，会议通过了《长三角区域大气污染防治协作2015年重点工作建议》，研究讨论了在用机动车异地协同监管、船舶污染治理、非道路移动机械污染治理等配套方案和建议。2015年12月，长三角区域大气污染防治协作机制第三次工作会议在合肥召开。会议审议通过了《长三角区域大气污染防治协作2016年工作重点》等协作文件。会议指出，下一步要更加突出协同联动，按照协商统筹、责任共担、信息共享、联防联控的原则，在构建高效体制机制方面走在前面。要聚焦明年的硬任务，全面完成国家行动计划要求，齐心协力打好攻坚战、持久战，为大气污染防治做出应有的贡献。

（三）松花江流域资源环境管理实践

1.松花江流域水资源管理体制建设状况

松花江流域管理体制在纵向和横向上都具有层次性。横向来看，第一层为水利部和环境保护部，最高级别行政权力归属于它们；第二层为松辽流域水利委员会和松辽流域水系领导小组，松辽水利委员会隶属于水利部，具体负责流域管理。松辽水系保护领导小组于1987年由四省区政府和松辽水利委员会共同组建成立，标志着松辽流域水资源管理工作在流域管理同区域管理相结合方面的进步，这一模式被称为"松辽管理模式"；第三层为流域四省（自治区）水利、环保部门和支流污染控制防治领导小组。第二层和第三层之间有松辽流域水资源保护局和松辽水系领导小组办公室。松辽流域水资源保护局是松辽水利委员会的单列机构，主要受水利部领导，但同时又受到国家环保总局领导，形成了双重领导下的管理体制。位于省级层面的流域四省（自治区）水利、环保部门，受到松辽流域水资源保护局的直接领导，本质上归属于水利部和环境保护部。纵向来看，主要分为以松辽水利委员会为代表的流域管理形式和以松辽水系领导小组为代表的四省（自治区）结合管理形式。

（1）水利部松辽水利委员会

经中央机构编制委员会批准，松辽水利委员会于1982年在吉林省长春市成立，是水利部在松花江、辽河流域和东北地区国际界河湖及独流入海河流区域内的派出机构，代表水利部行使所在流域内的水行政主管职责，为具有行政职能的事业单位。松辽水利委员会成立以来，在松辽流域水利综合规划、防汛抗旱、水资源管理、水土保持、水污染防治和水利水电工程建设与管理等方面发挥着重要的作用。对松辽水利委员会的主要职能进行归纳，其主要承担6种职能，也即扮演着6种角色，分别是规划制定者、执法者、工程建设者、监督者、协调者、咨询中心。

（2）松辽水系保护领导小组

1987年，松辽流域四省（自治区）政府和水利部松辽水利委员会共同组建成立了松辽水系保护领导小组，主要制定流域水资源保护和水污染防治规划，并对规划的实施做整体的运筹和指导。松辽水系保护领导小组的设立标志着在松辽流域开始形成区域管理协同流域管理的水资源保护工作格局，这一管理理念是顺应时代发展、符合流域水资源保护实际的。松辽流域水质和水环境管理中特有的这种模式，被称为"松辽管理模式"。

松辽水系保护领导小组由流域内四省（自治区）政府副省长轮流担任组长，其余四省（自治区）政府副省长和松辽流域水利委员会主任担任副组长。小组成员由松辽流域四省（自治区）水利厅副厅长、环境保护局副局长以及松辽流域水资源保护局局长组成。领导小组下设松辽水系保护领导小组办公室，按正厅级设置，负责和推进计划，协调各方关系，落实工作任务等。松辽水系领导小组办公室与松辽流域水资源保护局合署办公，既是领导小组的日常办事机构，又是流域保护机构，履行双重管理责任，松辽流域水资源保护局局长兼任松辽水系保护领导小组办公室主任，松辽流域水资源保护局副局长兼任松辽水系保护领导小组办公室副主任。为了完善管理体制，实现干支流分级管理和综合管理，成立了嫩江、牡丹江、辉发河、饮马河4个支流污染防治领导小组及办公室。支流污染防治领导小组办公室，与所在市环保局合署办公，接受松花江流域水资源保护局和支流所在省环保局的双重领导，运行经费由松花江水系保护领导小组办公室从吉林、黑龙江两省政府划拨。4个支流污染控制领导小组组长分别由齐齐哈尔市市长、牡丹江市市长、吉林市市长、长春市市长担任，其办公室设立在对应的市环保局内，支流污染控制领导小组成员由支流所在地的副市长、县长、环保局内支流水资源保护领导办公室成员组成。作为一个跨省、跨地区、跨行业的协调性组织，松辽水系保护领导小组负责监督、指导、协调和管理松辽水系的水资源保护与污染防治工作。

2.松花江流域水资源管理水行政执法状况

法律、条令、规则是人们为了指导和约束特定工作系统或部分之间的相互作用过程和方式而制定的。流域水资源管理中，法律、条令、规则对流域管理体系的运行起到了决定性的作用，是水资源管理各项工作开展的基础。在流域适应性管理的过程中，法律、条令、规则也在不断地更新，以求实现更加和谐的水资源管理。

松辽水利委员会的执法范围包括松花江、辽河流域和东北地区国际界河湖及独流入海河流区域，行政区划包括辽宁、吉林、黑龙江三省和内蒙古自治区东部一盟三市以及河北省承德市的一部分。现行有效的国家水事法律、法规和行政规章，对松辽水利委员会的职责、职权做了详细的规定。与松辽水利委员会行政执法相关的法律主要有10部，主要是《中华人民共和国水法》《中华人民共和国防洪法》《中华人民共和国节约能源法》《中华人民共和国城乡规划法》《中华人民共和国物权法》《中华人民共和国水土保持法》《中华人民共和国水污染防治法》《中华人民共和国立法法》《中华人民共和国行政许可法》《中华人民共和国行政处罚法》。2000年新修订的《中华人民共和国水法》（以下简称新《水法》），对流域机构职责做出的规定，下面简要介绍松辽水利委员会行政执法相关的规章制度。

（1）新《水法》赋予流域机构的管理职责

2002年8月修改通过的新《水法》，在第十二条规定"国务院水行政主管部门在国家确定的重要江河、湖泊设立的流域管理机构，在所管辖的范围内行使法律、行政法规规定的和国务院水行政主管部门授予的水资源管理和监督职责"。新《水法》涉及流域管理机构在流域水资源管理中的水资源管理规划、水资源宏观配置、水资源保护、执法监督检查和实施处罚等10个方面，基本囊括了流域管理机构应具有的所有职责。法律赋予流域机构具有以上权利，同时也赋予了流域机构行使以上权利的执法职责。需要特别指出的是，新《水法》第十二条第一款规定"国家对水资源实行流域管理与行政区域管理相结合的管理体制"。这一法律上的明确规定，解决了流域管理委员会成立半个世纪以来一直不明确的法律地位，有利于保障流域管理委员会管理、监督等职责的实施，有利于解决我国水资源管理的条块分割问题，有利于实现水资源的合理配置和综合效益的发挥（王教河，2003）。

（2）相关规章制度赋予流域机构水行政执法的职责

多年来，各级水行政主管机关围绕水利部提出的水政监察规范化建设的"八化"要求，相继制定了水政监察目标、岗位责任等一系列制度。水政制度建设也要与新理念同步，这需要水行政主管机关不断对水政监察各项制度进一步完善。多年来，松辽水利委员会在水行政执法方面制定的规章制度共有21部，分别为《国务院对确需保留的行政审批项目设定行政许可的决定》《取水许可制度实施办法》《取水许可申请审批程序规定》《取水许可水质管理规定》《取水许可监督管理办法》《关于国务院批准的大型建设项目取水许可管理的有关问题的通知》《松辽委实施取水许可监督管理办法细则》《松辽委实施取水许可水质管理规定细则》《关于国际跨界河流、国际边界河流和跨省（自治区）内陆河流取水许可管理权限的通知》《松辽委取水许可制度实施细则》《建设项目水资源论证管理办法》《关于授予松辽水利委员会取水许可管理权限的通知》《水功能区管理办法》《入河排污口管理实施办法》《建设项目水资源论证报告书评审专家工作章程》《水文水资源调查评价资质和建设项目水资源论证资质管理办法》《建设项目水资源论证报告书审查工作管理规定试行》《建设项目水资源论证资质业务范围划分方案》《关于松花江、辽河流域河道管理范围内建设项目审查权限的通知》《河道管理范围内建设项目管理的有关规定》《水利部松辽水利委员会河道管理范围内建设项目管理实施办法》。

3.松辽水利委员会开展水利改革的成就与经验

松辽水利委员会成立以来，在松花江、辽河流域水资源管理中立下了汗马功劳。与此同时，机构本身也一直与时俱进，特别是1998年嫩江、松花江大洪水后，在中央新时期水利工作方针和可持续发展治水思路的指导下，松辽水利委员会深入研究思考松辽流域水利发展现状及存在的问题，认真履行流域机构各项职责，不断推进防洪减灾保障体系、水资源供给保障体系、水生态环境保护体系"三大体系"的建设和流域管理理念以技术管理为主向综合管理转变、以工程管理为主向资源管理为主转变、以决策执行为主向决策制定协商和决策执行并重转变"三个转变"，在流域管理各项工作中取得显著成效。

（1）水利规划和前期工作取得丰硕成果

规划是流域水利发展的蓝图和前提。流域水资源管理规划，需要统筹协调各方利益。"十五"以来，流域水资源开发利用与流域的综合可持续发展受到了高度的重视，防洪减灾保障体系、水资源供给保障体系、水生态环境保护体系的建设成为规划考虑的重点，有针对性地开展区域综合规划、专业规划、专项规划和专题研究等规划体系建设。

（2）水资源管理和水权制度探索取得突破性进展

逐步形成"东水中引、北水南调"的水资源配置格局，开展了大伙房水库输水工程、吉林省中部城市群引松供水工程、文得根水利枢纽调水工程、黑龙江省引嫩骨干工程、三江平原排灌蓄工程体系及引洋入连工程等水资源配置骨干工程。流域初始水权分配对解决流域水资源短缺问题有重要意义。经过探索，完成了水资源使用权初始分配原则及程序、松辽流域微观用水定额指标体系、水资源使用权初始分配类型和拥有期限、政府预留水量、松辽流域国际河流中方侧支流水资源使用权初始分配问题、水资源使用权初始分配协商机制等项专题研究，部分达到国际领先水平。

（3）防汛基础工作和防洪工程体系日趋完善

完成并投入运行《白山、丰满水库防洪联合调度方案》《尼尔基水库防洪调度方案》

《察尔森水库洪水调度方案》和《松花江洪水调度应急方案》相应的调度系统。实施防汛责任制，组建了松花江防汛总指挥部。相应防洪水利枢纽，如察尔森水库、嫩江尼尔基水利枢纽工程、嫩江右岸省界堤防工程顺利完成。

（4）水生态环境保护方面有显著成效

近年来流域生态环境保护和修复方面进行的主要工作包括遏制水生态环境恶化、加强水土流失治理和水资源保护、实施湿地应急补水。在水质保护方面，协调各省（自治区）关系，完成了水功能区划批报工作，提出《松花江、辽河流域纳污能力及限制排污总量意见》，出台了《松辽水利委员会应对重大突发性水污染事件应急预案》。对扎龙和向海湿地实施应急调水工程，有效解决了湿地严重缺水引起的生态危机。

（5）依法行政能力大幅提高

随着国家建设法治政府进程的加快以及新《水法》《行政许可法》的颁布实施，流域管理的行政行为日益走向规范。妥善解决老哈河、通榆滞留洪水、诺敏河等水事纠纷，河道管理范围内建设项目的违章行为有所遏制，协调各省（自治区）签订了《松辽流域省自治区际边界水事协调工作规约》，制定了《松辽委处理水事纠纷应急预案》，水利工程移民得到妥善安置。与此同时，还在不断加强政策法规研究（高尧，2011）。

四、国内外资源环境协同治理经验对京津冀的启示

本书在前面章节中，对国内外的资源环境管理体制及跨区域合作机制进行了梳理，并选取了几个典型案例进行介绍，从中可以总结出一些可借鉴的经验做法。在基本原则上，重视法律手段的作用，市场经济是法治经济，基于市场经济基础上的环境跨域治理也离不开法律的规制，以实现宪法的诚实和公正，实现正当法律程序、实质权利、公平等价值；经济手段同样不可忽视，有助于保持环境跨域治理的独立性；环境跨域治理需要关注生态单元而不是行政或政治单元，针对环境的管理计划应以其需求以及活动有关的边界为基础，因此，需要在不同的组织之间采用跨部门合作和共享的方式，调整府际关系，以整合资源解决区域性、系统性的区域环境问题；强调多元主体的参与，要求在跨域环境治理的全过程中，都尽可能地让公民参与进来，增加回应性、促进公民对政府的理解、促进合作，而不是增加冲突和促进竞争（欧阳帆，2011）。具体来讲，要做到以下几个方面：

（一）完善环境治理相关法律法规

在公共行政背景下，法律经常是有效的权威保障和赋权工具，同时它也是一种管理

手段。目前，环境治理方面的法律制度不健全或缺失是阻碍京津冀区域环境治理一体化的重要原因，一方面是我国环境治理的基本法律不健全，另一方面是京津冀跨域环境治理法律缺失。因此，建立和完善跨域环境治理的法律法规必须从以下方面着手：

1.完善环境治理的基本法律法规

在各单项环境法律逐步到位的基础上，制定一部更高阶位的基本法律——《国家环境政策法》，宣示国家环境政策，是落实科学发展观和环境保护基本国策、确保实现全面建设小康社会环境目标的需要，也是中国环境法律体系进一步发展的内在要求（曹明德，2006）。我国环境法律体系的立法模式，主要是通过制定各单项法律，以单个环境要素为其调整对象。《环境保护法》是1989年颁布的，当时的中国正处于从有计划的商品经济向社会主义市场经济过渡的时期，这部法律的出台，在当时被视为民族环保意识进步的象征。时隔25年后，于2014年首次被修订。新《环境保护法》首次明确"保护优先"，对雾霾等大气污染治理做出了更多有针对性的规定，如国家建立跨行政区域的重点区域、流域环境污染和生态破坏联合防治协调机制，国家促进清洁生产和资源循环利用，同时加大了惩治力度。但仍存在不足之处，如它仍属管理法而非权力法，没有涉及环境保护监督管理体制，还存在环境保护法律体系缺乏合理协调、立法技术不够完善等问题（彭本利，2015）。

随着各单项法律的先后制定和相继修订，在不同的单项法律之间存在不协调，特别是与之相伴的某些主要管理制度和措施的规定，需要通过环境基本法进行有效整合。

2.制定京津冀跨区域环境治理法

目前，跨区域环境治理方面法律法规处于完全空白的状态，无论是各个地方政府如何合作处理跨区域、跨流域的环境问题，还是对跨域污染造成的后果进行赔偿、追究责任的问题，都没有明确的法律规定，只是在一些单项法律中略有提及，如《水污染防治法》第二十八条规定："跨行政区域的水污染纠纷，由有关地方人民政府协商解决，或者由其共同的上级人民政府协调解决"。但是如何界定跨域环境问题，各级人民政府在环境跨域治理中的责任义务是什么，协商的具体方式，协商的结果如何执行实施，协商过程中的监督和约束等，则没有具体实施细节和相关规定。应该制定一部完整的《环境跨域治理法》，对上述问题进行明确的规范。对于京津冀而言，由于没有统一的环境法律法规，地方性法规之间存在相互冲突的问题，尤其是三地跨界污染纠纷问题多年来难以解决，政府环境法律责任也不明晰。应推进环境法规协同，出台京津冀层面环境法规，明确区域权限与责任；尽快制定京津冀联防联控治理环境法或京津冀环境协调发展条例，建立独立而统一的环境管理制度，实现区域协调对接；加强惩罚力度，以法律的强制性手段约束各个主体的行为，而不是过去的"软约束"手段（常敏，2015）。

（二）构建跨区域环境协调管理与机制

1.建立统一协调的环境管理机构

当前，我国跨区域、流域环境管理存在"环境保护全局性不够""职责关系、事权划分有待进一步明确""协调机制还比较松散"三大问题。为更好地解决目前区域性大气污染、水污染和跨行政区的流域环境治理问题，实现京津冀区域环境协同发展，以跨地区环保机构试点（京津冀大气环保局）建设为基础，探索并建立强有力的跨区域环保管理机构——京津冀环境保护局，从全局考虑，明确协调的范围、具体内容、工作程序以及职能与职权，统筹规划管理，完善协调机制，制定统一标准，实行统一评估考核等，建立区域内政府间协同治理横向协调机制，真正实现京津冀环境协同治理。

在组织管理方面，成立区域性环境管理机构——京津冀环境管理委员会，处理区域内环境问题，负责联防联控政策法规的制定与统一的事权领导；负责制定统筹规划，指导地方制定相关政策；突破行政区划对于资源环境管理的限制，根据污染源位置、地理、气象等相关因素影响，划定一个不同于行政区划的边界，对该区域内的污染源、项目设施等进行统一管理；建立统一的网络平台，实行信息共享，以供管理者参考，并将信息实时向公众公布；进行京津冀区域环境的统一监督管理。

2.完善环境保护协调机制

《国务院关于落实科学发展观加强环境保护的决定》中明确提出，要"健全环境保护协调机制"，因此，京津冀应将统一监督协调管理机制、有关部门分工负责机制运用到环境保护协调机制中去，联席会议应在该机制中占据重要地位，京津冀应定期会商，协商联防联控事宜；建立对于环境保护的相关财政、税收、金融、贸易、科技等政府政策措施和合作机制（郑俪丹，2014）；尽快完善京津冀大气、水污染防治协作机制、排污许可证制度区域协调机制、京津冀污染防治区域联动机制、资源环境价格改革、创新环境经济政策等政策制度，提高环境治理的整体性和有效性。

3.加强跨域执法和监管力度

有效的监管是京津冀环境协同治理的重要保障，也是保证市场主体客观公正的前提。近年来，国家不断加强环境监管力度，新修订的《环保法》加重了行政监管部门的责任，规定了严厉的行政问责措施，也明确了相关部门的监管责任，但仍然需要进一步完善、细化、改进。一是完善京津冀区域环境监管相关条款，可借鉴国内外先进经验；二是加强执法力度与执法透明度，实现执法必严，违法必究；三是赋予京津冀区域环保督察更高的权责与权威，充分发挥它的监管作用；四是构建实时监测体系，完善事前、事中、事后监测，统一监测指标，构建京津冀区域环境监测网，建立专门化监测机构，行使监测职能；五是有序整合不同领域、部门、层次的监管力量，有效进行环境监管和行政执法。

（三）构建多元主体的京津冀环境协同治理体系

1.建立政府、企业、公众和环保组织协同治理综合网络体系

按照利益相关者理论①，治理区域资源环境问题仅仅靠政府的方针政策以及市场、技术上的措施是不够的。区域资源与环境治理是一项复杂的系统工程，需要政府、企业（市场）、公众和环保组织等多主体之间的密切协作，优势互补，分工负责，实现以最低的环境保护成本获取最大的环境效益。由于各利益主体具有不同的目标取向、信息的非对称性，带来了他们之间或主体内部利益的矛盾和冲突，从而形成了复杂的利益与责任关系（图5-5）。

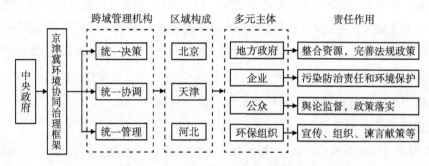

图5-5　多元主体协同治理综合网络体系

目前，京津冀区域内还没有形成政府、企业、社会公众多元主体共同参与、协同治理的新机制。构建以市场运作作为基础、政府管理为主导和公众为辅的多元主体协同治理机制是资源环境管理的有效途径。只有通过协同治理的体系建构，对地方性与多样性给予充分的关注，才能削减社会规模扩张对生态环境的威胁。

一是建立起中央政府治理顶层设计、地方政府正确生态引导、市场合理配置资源、

---

① 20世纪60年代，斯坦福研究院最先提出了利益相关者理论（Stakeholder Theory）。它的发展是一个从利益相关者影响到利益相关者参与的过程。利益相关者理论的关键论点是弱化企业股东至上论，强调企业利益相关者的最大利益诉求。在利益相关者理论中，利益相关者就是任何可能影响组织目标实现的群体或个人，或者是在这一过程中遭受其影响的群体或个人（约瑟夫·炜斯，2005）。20世纪80年代美国经济学家弗利曼将利益相关者定义为"能影响组织行为、决策、政策、活动或目标的人或团体或是受组织、行为、决策、政策、活动或目标影响的人或团体"（Freeman, R.E, 1984）。这个定义提出了一个普遍的利益相关者概念，从此以后，利益相关者理论就成为人们在分析组织机构绩效和政策决策影响中常用的一种工具。20世纪90年代以后，利益相关者理论逐步完善和发展，主要用于公司治理、绩效评价和战略管理等方面。

社会积极监督参与的综合网络体系。由中央政府制订京津冀环境协同治理框架，建立跨域环境管理机构，进行统一决策、统一协调和统一管理。三地的地方政府正确引导区域内多元主体的生态环境协同治理，从法律与制度上提供客观保障与支持。市场充分发挥生态资源定价与交易机制的作用，推动区域市场一体化发展，实现生态资源的合理配置。社会积极参与生态治理以逐步实现生活方式的合理转型，并通过舆论监督机制促进政策的落实与改进。二是扩大公民的环境权益，通过责权利的规定来激励公众对污染环境的行为进行监督和制约，以此鼓励群众关心环保、参与环保，使公众参与成为环境保护的一种基本力量。三是通过信息公开和舆论监督，保证公众的知情权并督促政府履行职责。四是要重视公众以及民间环保组织（团体）的重要作用，鼓励并引导环保民间组织更快更好发展，给予政策、资金等各方面的支持。五是通过构建多元化、专业化的专家队伍，吸纳各部门、各级政府、企业、公众等的意见和建议，在国家有关资源与环境的事项决策时提供重要支持。

2.重视发挥信息公开和多元参与的推动作用

环境问题是公众普遍关注的社会问题，通过信息公开和允许舆论监督，可以保证公众的知情权，同时可以督促政府认真履行职责。根据这一理念，可在首都圈建立一个信息平台，通过网络、电视、广播等媒体实时公布区域内各省（市）、各区县的空气质量情况、政策执行情况与环境的改善情况，建立一个完善的信息通报机制；开通电话热线，鼓励和倡导民众积极反映环境问题，并提出自己的意见和建议，以便集思广益；树立典型，表彰为保护环境、治理污染做出突出贡献的企业和个人，严惩超标排污、违反相关法律的不法行为。例如，2010年上海世博会建成的区域空气监测网络，建立了三省（市）共同的信息公布平台，通过这种信息互通有无的方式，为政府部门环境管理提供了第一手数据，值得京津冀在各类资源环境跨区域综合治理中借鉴。

3.充分调动企业在环境管理中的自主性

企业既是环境管理的主体，也是污染排放的主要来源之一。在国外，企业在环境管理中发挥着重要作用，承担的职责也很明确。例如，日本环境管理战略实现转型的基础动力来自自愿施行减排措施的企业。20世纪80年代，众多日本企业积极争取申请获得ISO14001认证，自愿公开环境会计，发行企业环境管理报告书，自觉构筑循环产业体系。企业履行环境管理责任的原因包括：一是政企之间形成了密切的合作关系，环境部门在制定管理规则与质量标准之前，通常会与行业协会及主要企业代表进行商谈，会充分考虑产业界的需求，与企业形成共识，提高了环境管理法规的公信力，很好地调动了企业的自主性。法规的制定通常会遵循渐进性原则，有效消除了企业投资的不确定性等，从而降低了执行环境管理政策的交易成本。二是公众的舆论对企业形象会造成影响，日本政府通过消除环境信息不对称、开放共享信息，使得民众及时了解发生的环境事件。公众的舆论压力会使企业形象遭受损失，从而丧失巨大的利益，企业为了环境形象而展开市场竞争，使得环境管理成为重要的盈利手段。

4.公众的高度参与

公众针对公害事故的自发性反应是许多发达国家进行环境管理战略转型的重要推动力，对公众权力的愈加重视，越能促进公众监督与参与。公众对环境管理参与的强烈意愿取决于法律对公众环境权利的保护。在国外环境综合管理的案例中，可以看到有些国家十分重视公众环境参与，例如，日本在《环境基本法》中就确定了公众环境管理参与的原则与长期目标，并使之法制化、制度化，使公众能够参与全过程的环境管理，使环保政策与经济政策之间能够形成公众制衡的关系。由此可见，若想调动公众参与决策和管理的积极性，提高公众的参与能力，必须在法律层面保护公众环境权利，实现公众环境管理的法律化；通过公众提供的信息补充来增强政府的管理能力，公众监督能最大限度地避免政府失灵与市场失灵。

（四）健全多维长效跨域生态补偿机制

健全多维长效跨域生态补偿机制，是建设京津冀区域生态文明的重要制度保障。将政策补偿、资金补偿、实物补偿、产业转移、共建园区等多方面措施有机结合，探索建立对京津冀生态涵养功能区的多维长效补偿机制。一是统筹生态补偿的顶层设计工作，完善区域内补偿资金筹集、调配、运作、管理和财政转移支付、税收等政策，建立生态补偿的相关法律法规，科学制定补偿要素、补偿依据、补偿支付模式、补偿范围等，明确区域生态补偿指标体系。二是设立京津冀区域生态补偿专项资金，构建京津冀生态补偿管理机构，对三地补偿工作进行协调、监管。三是探索建立京津冀流域水、森林、矿产等重要资源的生态补偿机制，建立流域性资源使用权转让制度，推行跨域污染控制补偿机制。四是消除京津冀大区域内的差别生态补偿政策，从总体上提高以生态建设为主的社会投入。五是针对环京津贫困带，应进一步优化市场合作机制，推进京津冀生态补偿型产业合作，让受益的京津地区为河北贫困区域提供生态补偿。六是建立生态补偿评估考核、监督制度，加强生态补偿效果。

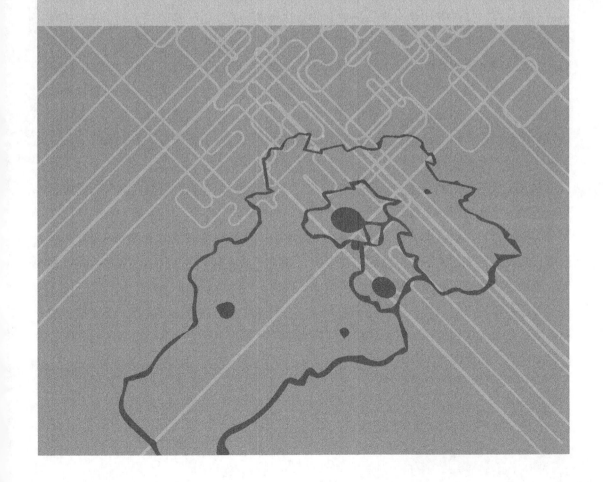

协同创新篇

第六章
京津冀环保科技协同创新现状与对策研究

本章提示：阐述区域科技协同创新的定义、特点、模式与路径，以及体系构成，分析京津冀环保科技协同创新的基础与优势、环保科技协同创新现状与问题，提出促进京津冀环保科技协同创新的对策与建议。

党的十八大报告明确提出"科技创新是提高社会生产力和综合国力的战略支撑，必须摆在国家发展全局的核心位置"，强调要坚持走中国特色自主创新道路、实施创新驱动发展战略。党的十九大报告指出，创新是引领发展的第一动力，是建设现代化经济体系的战略支撑。报告中10余次提到科技、50余次强调创新，进一步明确了创新在引领经济社会发展中的重要地位，标志着创新驱动作为一项基本国策在新时代中国发展进程中将发挥越来越显著的战略支撑作用。《国家环境保护"十三五"科技发展规划纲要》明确提出，以国家环保战略需求为导向，建立健全现代科研院所制度，激发环保科研机构的创新活力并提升原始创新能力；以市场为导向，发挥企业技术创新主体作用，完善产学研协同创新机制，建立企业、科研院所、高等院校协同创新的资金投入、技术开发、成果转化与利益共享机制。

科技发展推动了社会进步，大大提升了人们改造自然的能力，但与此同时，给资源与环境带来了负面影响，造成了资源过度开发、各种环境污染。科技发展带来的环境问题必须要通过科技创新来破解，运用科技手段解决一系列环境问题以及资源环境管理中出现的难点。科技创新不仅可以为节约资源、保护环境、提高资源利用效率提供技术途径，也可为资源环境宏观调控与综合协调提供决策支持和科学依据。京津冀资源环境问题从源头污染到末端治理都需要科技的支撑，需要三地发挥各自比较优势，紧密结合现实需求，整合环保科技创新资源，在大气污染治理、绿色交通、清洁能源等区域共同关注的问题上，联合攻关，协同突破。

一、区域科技协同创新概论

（一）协同创新的理论基础及定义

1.协同创新的理论基础

协同创新通常表现在产、学、研等相关内容合作过程中，由于产学研过程中不同的创新主体有着不同的利益诉求和出发点，因此，如果对国家整个宏观引导以及制度安排不够熟悉的话，结果可能会出现明显的博弈矛盾，进而出现个人利益损害群体利益的情况。由此，一定要从整个宏观环境来对协同创新进行内涵以及本质的研究。事实上，协同创新就是通过不同创新主体要素整合、重组和互动，使其达到优化以及协作创新的过程。整合和重组主要包含知识、资源、行动以及绩效等，关于知识整合，许多学者认为大学还有科研机构作为知识的生产者和提供者，在知识的传播、整合以及沟通方面可以起到十分重要的作用。詹姆斯·马奇（James G. March）认为，现代知识主要分为学术知识和经验知识，学术知识是比较注重和强调"有用性"的，经验知识则是比较注重将知识运用于现实情境当中，具有非常强的时间和空间集聚性。在整个创新过程中这两种知识是不断融合的，学术知识主要是用于理解和应用的，需要建立在经验知识基础之上。对于协同创新来说，知识还需要再次开发以及创造，因此，应该注重知识的价值转换与灵活应用。

协同创新是协同方法在创新系统中的具体应用，它以协同创新理论和区域创新系统理论为基础。

（1）协同创新理论

协同论（synergetics）是20世纪70年代由德国著名理论物理学家赫尔曼·哈肯（Hermann Haken）提出的，他认为协同是指系统中的各个子系统相互合作、相互耦合、产生协同效应。"创新"概念来源于美国经济学家约瑟夫·熊彼特（Joseph A. Schumpeter）的创新理论，他认为创新是指把一种新的生产要素和生产条件的"新结合"引入生态体系。2004年美国国家竞争力委员会向政府提交的《创新美国》计划中写道：创新是把感悟和技术转化为能够创造新的市值、驱动经济增长和提高生活标准的新的产品、新的过程与方法和新的服务。美国麻省理工学院斯隆中心的研究员彼得·葛洛（Peter Gloor）将两者结合，首次给出定义，协同创新是网络小组成员形成集体愿景，借助网络交流思路、信息和工作状况，合作实现共同的目标。

（2）区域创新系统理论

"区域创新系统"是英国卡迪夫大学的库克（Philip Nicholas Cooke）教授于1992年提

出的。他在《区域创新系统：全球化背景下区域政府管理的作用》一书中指出，区域创新系统是由在地理上存在分工和相互关联的生产企业、研究机构和高等教育机构等构成的区域性组织体系，其主要功能是推动区域内的知识创新、技术创新、知识传播和知识应用，其根本任务是要将技术创新内化为区域经济增长的自变量，促进区域内产业结构升级和经济高质量增长。此外，瑞典的 Asheim 和 Isaksen 在总结前人区域创新系统理论的基础上，认为从集群发展为一个创新系统需要具备两点：一是集群内公司间更正式的创新协作；二是要加强制度建设，即创新合作中包含更多的知识提供者。

2.协同创新的定义

协同创新是创新型国家建设的重要实现途径，是创新驱动发展的有效选择。有关协同创新的定义目前还没有形成统一的表述。前面已经提到过，最早给出"协同创新"定义的是美国麻省理工学院斯隆中心的彼得·葛洛。随后，许多学者从不同方面对协同创新进行了研究。David J. Ketchen Jr、Duane Ireland 和 Charles C. Snow 认为协同创新是指跨越了公司界限，通过分享创意、知识、专业技术和机会，从而使大公司和小公司都能致力于战略性创业的过程。Eva S. Rensen 和 Jacob Torfing 研究了国有企业的协同创新，认为增强国有企业协同创新能力的关键是要确保其有知识、想象力、创造力、勇气、变革能力，认为公司对知识的保护程度越高，其协同创新能力也越高（姚瑶，2017）。

我国学者也给出了协同创新（Collaborative innovation）定义，王庆金（2014年）在《区域协同创新平台体系研究》一书中提出，协同创新是企业、大学以及科研机构三个基本的区域创新主体根据各自的资源优势，在政府政策和区域协同创新平台体系等主体的支撑下，通过资源共享协议等契约开展跨机构、跨区域的协作，能产生协同创新效应。杨增浩（2015）认为，协同创新是指创新资源和要素有效汇聚，通过突破创新主体间的壁垒，充分释放彼此间人才、资本、信息、技术等创新要素，从而实现深度合作。周绪红（2012）认为，协同创新的实质和内涵是不同的科技创新主体利用各种互通互联的制度，共享信息服务平台，破除区域、行业、机构之间的层层阻碍，推进各类市场信息和知识技术相互沟通与交流，实现科技创新的重大突破。陈劲（2012）认为，协同创新是以企业、高校和科研机构为主体，依托政府科技部门和相关中介组织，形成的以资源共享为目的新型网络平台模式的非线性组织方式。2014年10月25日，习近平总书记在给浦江创新论坛开幕式的致信中指出："协同创新是指围绕创新目标，多主体、多元素共同协作、相互补充、配合协作的创新行为。在带领中国经济社会全面深化改革的过程中必须依托创新行为，无论是制度创新、文化创新还是科技创新，都必须全面贯彻协同创新这个理念。"

3.区域协同创新的定义

不同区域通过创新要素的协同与互动，最终可以形成"协同创新区域"。协同创新区域是国家创新体系的重要组成部分，是一种较为特殊的创新区域。协同创新区域的建立是一个系统工程，相对区域创新体系而言，具有更强的政府主导的宏观调控性、创新体系的市场调节性和创新系统的开放运行性。它是以区域的资源特征、战略目标为着眼点，以大开放、大合作、大协调为主要特征，以区域协同创新为主要内容，大力培育和发展优势产业集群，不断提高区域综合竞争力，形成以促进创新和发展为核心的新型空间结构。顾祎旵（2013）认为，区域协同创新可以使区域内部多项功能重新整合，进而实现区域内部各地区的优势互补、合作共赢。协同创新是指应用协同论的思想来研究创新问题，区域协同创新是指不同区域投入各自的优势资源和能力，在企业、大学、科研院所、政府、科技中介服务机构、金融机构等科技创新相关组织的协同支持下，共同进行技术开发和科技创新活动和行为。

由此可见，区域协同创新是不同区域发挥各自的资源优势和能力，以区域创新能力和综合竞争力提升为目标，优势互补，合作共赢，通过创新要素流动与创新主体之间的互动，实现资源在区域之间各个生产环节的协同整合。区域协同创新是区域之间科技合作的最高级形态。

（二）区域科技协同创新内涵及特点

科技协同创新是一项复杂的创新组织方式，其关键是形成以大学、企业和研究机构为核心要素，以政府、金融机构、中介组织、创新平台、非营利性组织等为辅助要素的多元主体协同互动的网络创新模式，通过知识创造主体和技术创新主体间的深入合作和资源整合，产生系统叠加的非线性效用（张力，2011）。区域科技协同创新是在创新要素的市场化流动基础上，以企业价值链网络为载体，实现区域创新要素共享，增强企业获取外部创新资源能力、进而提高区域创新能力的过程，是区域分工与合作的重要发展趋势（高丽娜，2014）。区域科技协同创新不仅仅是内部的创新，其方式多样、特点明显，通常具有如下特点：

一是地域性。不同区域的经济发展、产业发展、科技资源、自然资源等各有不同特点，因此，区域协同创新系统具有鲜明的地域特色。二是整体性。创新生态系统是各种要素的有机集合而不是简单相加，其存在的方式、目标、功能都表现出统一的整体性，即创新各构成要素之间存在着一种内在互动关联，形成有机的共同体，并通过协同合作发挥出整体的效能。在区域科技协同创新体系运行过程中，元素与环境之间、元素与元素之间通过知识、信息和资源交流发生相互作用并相互关联，进而把各自独立的元素的作用整合起来（张玉才，2008）。三是非平衡性。政府、企业、高校院所、中介服务机构等创新主体之间必然存在差异性，导致区域科技协同创新具有非平衡性。这种非平衡性是导致协同创新系统发生变化的重要原因，当外部环境如政策发生变化时，潜在的差异性和不平衡性使得创新活动发生变化，各创新要素之间围绕着共同的利益展开物质、知识、资源的交流，相互协作，优势互补，共同发展，形成一种新的平衡状态。四是动态开放性。创新系统的环境因素和内部要素是不断变化的，因此区域科技协同创新具有动态性；而区域又是一个开放的系统，区域科技协同创新系统与外界环境之间存在人才、信息、资金、技术等要素的互相交流与互动。区域协同创新系统在运行过程中不断与外界进行物质、能量和信息的传递和交换。

（三）区域科技协同创新模式与路径

1.区域科技协同创新模式

区域科技协同创新克服了以往单打独斗的创新思维，通过各个创新主体的相互协作，形成以多方主体协作发展的创新发展模式。

按主导性区分，可分为政府主导模式、企业主导模式和高校院所主导模式。

（1）政府主导模式

政府在区域科技协同创新中发挥着主导作用，是区域科技资源配置网络的决定力量，充当资源配置网络中的"调节者"。政府可以通过制定相关的规章制度、设计长远的科技发展目标，直接或间接地主导区域科技创新资源的投入和公共创新资源的整合，促进区域协同发展。政府主导作用的发挥，使得区域内各类科技资源实现最大程度的共享利用，从而提升整个区域的协同创新能力。

（2）企业主导模式

企业是国家创新体系的主体，是各种创新资源的主要拥有者和创新利益的主要享有者，承担着科技成果的有效转化，是区域协同创新过程中不可或缺的主体之一。企业的创新优势在于对市场需求和动向的准确把握，具备研发及成果转化必要的资金、劳动力、厂房设备等资源以及良好的市场开拓能力、销售渠道和配套服务能力等。企业利用这种优势通过积极参与区域协同创新，联合各类创新型企业、高校、科研院所等共同攻破技术难关，从而获得更大的竞争优势，促进区域产业发展。

（3）高校院所主导模式

高校和科研院所是研发人才和科技成果的供给者、研发活动的参与者。高校和科研院所通过相互之间的学术交流以及与企业签订产学研合作，实现资源共享、资源转移，实现异质性资源外取，进而为区域科技协同创新做出更大的贡献。

按功能区分，分为技术联动协同创新模式、产业转移协同创新模式、功能定位协同创新模式。

（1）技术联动协同创新

技术联动协同创新模式适用于针对资源禀赋极其相似、具有共性技术合作攻关需要的区域。如大规模资源开发区可在整合各地资源的基础上构建资源密集型产业的技术体系，联合研发保护资源和生态修复的新兴技术。

（2）产业转移协同创新，即腾笼换鸟式协同创新

经济发展水平和产业结构有差异的若干地区，可按技术密集型产业的成熟度划分成不同技术梯度的地区。技术梯度高的地区将非技术密集型基础产业适当转移到周边地区，集中现有的创新资源扶持发展高新技术产业，并将成熟的产业技术辐射到其他地区，如京津冀区域。

（3）功能定位协同创新

对经济发展水平不同但存在大范围同质产业的城市，可采用此模式，即根据不同的资源禀赋、经济基础和市场环境，进行差异化的、层次性的创新功能定位，分别着重于技术开发、技术学习与技术扩散应用，最终整合实现该领域的技术突破性进展。长江三角洲经济区采用这种模式。

以上三种模式中，第一种模式主要由市场力量带动，自发性强、内在动力足，而后两种模式一般始于中央政府引导，因可能存在的利益不平衡需相关地方政府配合才有实际进展，成功与否极大程度上取决于地方政府的参与积极性和协调性。

2.区域科技协同创新实现路径

从国内外实践来看，国外科技协同创新已经从单一主体的线性模式逐渐转变为非线性的开放式模式，而国内当前主要采用如下几种形式来促进区域科技协同创新：

（1）政府根据区域发展总体战略目标布局

政府通过政策导向或项目，整合并优化配置区域内科技创新资源，将企业、高校、科研院所等多方创新主体纳入创新链条上来，从源头上促进合作，寻找和攻关产业共性技术，推动创新链与产业链的融合，促进协同创新。

（2）创新主体发挥各自优势，通过产学研协同创新实现技术创新

产学研协同创新是指企业、高校、科研院所三方通过创新资源共享、创新优势互补为基础，通过联合研发、利益共享、风险共担，共同开展创新活动的模式，是创新主体和要素在产学研合作基础上的进一步深化和升级。产学研合作通常以技术合作为基础，共同分担技术创新不同阶段所需投入的人、财、物等资源，联合进行技术创新，实现一定程度上的协同创新。产学研合作在我国已推行多年，但由于以市场化为主要推动力量，

未形成长期有效的合作机制，造成现行的产学研合作进入瓶颈（韩博，2013）。

（3）通过产业技术联盟等创新组织形式，促进区域产业协同创新

产业技术联盟是由企业、高校、科研院所或其他组织机构，以企业的发展需求为导向，以各方的共同利益为基础，以提升产业技术创新能力为目标，以具有法律约束力的契约为保障，形成的联合开发、优势互补、利益共享、风险共担的新型技术创新与产业推动组织。产业技术联盟是介于企业和市场之间的中间组织，是整合创新资源的新型产业组织形式，它为产学研结合提供新的路径，能够有效整合区域内创新资源，组织创新主体进行联合攻关，促进区域产业协同创新，其协同创新效应和合作价值，必将产生较大的溢出效应，将对区域、行业甚至国家发展产生积极的促进作用。

（4）构建产业技术研究院、2011协同创新中心等协同创新平台

产业技术研究院是区域科技创新体系的重要组成部分，是面向产业发展需求整合科技创新资源、围绕产业技术创新链，开展产业共性关键技术研发、科技成果转化、产业技术服务等活动的公共技术创新服务平台。产业技术研究院在整合区域科技资源、攻克区域产业共性技术与关键技术、转化科技成果、孵化具有潜力的新兴企业、搭建技术评估与转移服务平台等方面发挥了积极作用。它将政府、企业、高校及科研机构紧密地联系在一起，强调企业与高校、科研机构的创新合作和政府的支持、引导，对政府、企业、高校及科研机构做出明确的分工与定位，强化了各方的合作，实现了协同创新。协同创新中心是教育部"2011计划"（高等学校创新能力提升计划）的载体，分为面向科学前沿、面向文化传承创新、面向行业产业和面向区域发展4种类型。2011协同创新中心充分发挥高校多学科、多功能的综合优势，联合国内外各类创新力量，建立一批协同创新平台，形成多元、融合、动态、持续的协同创新模式与机制，培养大批拔尖创新人才，逐步成为具有国际重大影响的学术高地、行业产业共性技术的研发基地和区域创新发展的引领阵地，在国家创新体系建设中发挥着重要作用。

（5）通过区域网络式创新实现知识转移和技术扩散

区域创新网络是指在某一特定区域内业务上互相联系、在地理位置上相对集中的利益相关多元主体共同参与组成的以横向联系为主的动态开放系统，它是在地理位置相互靠近的经济主体之间通过某种方式而形成的一系列长期交易的集合。区域内的创新行为主体（企业、高校、科研院所、中介机构、地方政府等组织及个人等）通过结成创新网络，有利于实现资金、知识、信息和创新技术等生产要素更快速地扩散、转移、创新和增值，同时有利于降低市场的不确定性和技术产品的交叉繁殖，保持区域持续的创新能力和竞争优势，从而推动区域经济乃至国家经济的发展。同时，区域内频繁的知识转移和技术扩散能够有效促进协同创新，降低创新固定成本和技术扩散成本，形成区域网络

式协同创新体系，而区域创新网络差异化的技术创新策略，有效提升了技术需求意向和技术购买能力，实现了良性循环，促进协同创新。

（6）通过基于互联网的虚拟研发组织（Virtual R&D Organization），实现创新资源共享

虚拟研发组织是虚拟组织概念渗透于科研机构所形成的一种研发模式，它围绕特定的研究目标和内容，利用现代信息技术和通信工具，将来自不同地域、团队或者机构的科研工作者组织起来，通过建立研发共享平台实现信息、技术、设备等资源的共享，打破地域限制，加强这些科研机构和人员之间的协作，实现科技创新资源的互利共享。虚拟研发组织，有效解决了空间地理位置造成的优势科技资源分散的问题，使国内外科技资源在不同空间和时间内实现协同创新。

（四）区域科技协同创新体系构成

体系是由若干互相联系的事物按照一定的秩序和内部关系组合而成的具有特定功能的整体。其强调的是为达成统一目标的各个要素之间的关系，或者说是构成。区域科技协同创新体系是系统性科技创新的一种基本制度安排，是由协同创新主体、协同创新载体、协同创新环境三位一体，有机关联而形成（图6-1）。

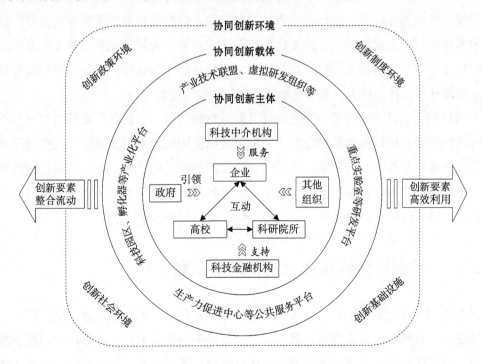

图6-1　区域科技协同创新体系构成

区域科技协同创新体系结构一方面包括功能构成，即区域科技协同创新体系能够实

现哪些功能，合理的功能构成有利于人、财、物、信息等创新要素的整合、流动和高效利用，实现区域创新能力提高，促进区域的协调发展。另一方面包括主体结构，即由哪些主体参与。区域科技协同创新体系中协同创新主体包括企业、高校、科研院所、科技中介机构、科技金融机构和政府等，其中，企业在协同创新中处于关键环节和主导位置，是区域科技协同创新的需求者也是创新的主要受益方，企业为高校院所提供研究项目和一定的研究经费以支持其创新活动，同时企业与企业间也可以通过合作进行技术研发，担负起知识整合、技术创新、科技市场产业化的重要任务。高校和科研院所是原始创新的主力军，为区域科技创新体系提供原生的素材，在培养区域发展中科技人才的同时，向企业提供成果、向政府提供决策咨询。企业、高校和科研院所是区域科技协同创新体系的核心，他们之间的合作与互动，成为区域科技协同创新的动力。科技中介机构是创新链环节之间的关键纽带，是体系中不可忽视的主体，它面向社会开展技术扩散、成果转化、科技评估、创新资源配置、创新决策和管理咨询等专业化服务，是国家创新体系的重要组成部分。科技金融机构是科技产业与金融产业的融合，为协同创新提供必要的金融保障，对加快技术进步、提高产业结构起到重要作用。政府在区域协同创新中起到引领和宏观调控作用，通过制定政策法规和提供资金扶持等方式从宏观角度对协同创新进行调控，特别是在体制机制创新和政策项目引导上政府可以发挥重要作用，保证创新行为的有序进行。上述协同创新的主体以产业技术联盟、虚拟研发组织等为主要组织形式，以研发平台、公共服务平台、产业化平台和孵化器等为载体，通过完善创新的制度环境、政策环境、社会环境、基础设施等推动科技协同创新。

科技协同创新体系建设是一项长期性、复杂性的工程，各创新要素间的相互作用是构建体系的核心。区域科技协同创新体系框架是以协同创新平台为载体，以推动区域核心技术、产业核心技术、产业重点技术和企业技术的攻关为目标，政府以项目和政策为推动力量，金融机构以投融资为支持力量，中介机构以辅助性推动为主，实现政府、企业、高校、科研院所、金融机构、中介机构等多元主体的全面参与。

二、京津冀环保科技协同创新的基础和优势

随着资源与环境的压力进一步增大，水资源严重短缺、地下水严重超采、环境污染等问题凸显，京津冀已成为我国东部地区人与自然关系最为紧张、资源环境超载矛盾最为严重、生态联防联治要求最为迫切的区域。加快京津冀生态一体化发展，建立共建联防联动机制，破解资源生态难题，共建环境优美、生态良好的宜居家园，是京津冀区域在相当长一段时期内的重要任务，也是三方的共同利益所在。京津冀地缘相接、人缘相

亲、历史渊源深厚，在环保科技协同创新方面有着良好的基础和独特的优势（图6-2）。

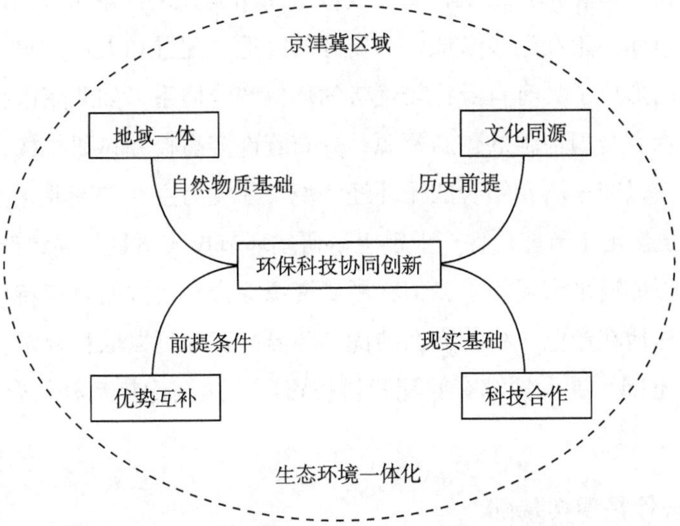

图6-2　京津冀环保科技协同创新的基础和优势

（一）文化同源是历史前提

京津冀地缘相接、人缘相亲、地域一体、文化一脉、历史渊源深厚，三地你中有我、我中有你，是一个相互依存的共同体，这是推进区域协同创新的历史前提。京津冀城市圈在历史上便有协同、合作的先例。京津冀地区古为幽燕、燕赵，元明清定都北京，京津冀地区成为"京畿"，京、津、冀之间交流频繁，经济社会联系密切。之后虽然形成了北京、天津、河北三分天下的行政格局，但该区域不同地方之间的人员关系与经济联系一直以来都很密切，这得益于他们相同的历史文化渊源。

（二）地域一体是自然物质基础

京津冀地域相连，一脉相承。北起燕山山脉，西到太行山区，东至渤海之滨，南据华北平原，在地质、地貌、气候、土壤及生物群落等方面是一个完整的地域系统。对于人类来说，这个系统从来就有，并将永远存在下去。在这个系统中，京津冀人民山水相连，大都分布在海河、滦河流域，有着天然的联系，中心—外围相互依存。北京、天津与河北的关系，就像是城市和乡村、中心和外围之间的关系。城市是一棵大树，其外围区域是大树根系所能到达的土地范围。没有一定范围的土地，大树根系就不发达；不能吸收足够的水分和无机盐，大树会枯萎。同样，土壤没大树，就是一片荒芜的弃地，也会失去生命力。京津冀是一个互相依存的大整体，互为依托、共进共荣。

（三）优势互补是前提条件

随着区域经济一体化加速发展，京津冀城市的功能分化日益明显，以北京、天津为核心的京津冀城市体系正在逐步形成，为资源的跨地区配置和人口的自由流动奠定了基础。京津冀三地已形成了具有自身比较优势的环保产业体系，如北京以技术研发的环境服务业为主，且拥有全国最强的创新资源，分布着许多高校和科研机构，在科技研发方面优势明显；天津以产学研相结合的循环经济城市建设为主，在产业化方面具有比较成熟的经验；河北虽然由于节能环保产业链上游研发环节投入不足，导致产品技术含量低、附加值低、产品不能满足市场需求，但在尾矿资源综合利用方面具有特色，节能产业近年也迅猛发展。三地在产业、科技方面的优势各异，正好可以取长补短，推进区域协同创新可以在更大范围、更大领域有效配置科技资源，达到优势互补、合作共赢的效应，取得1+1+1大于3的效果。

（四）科技合作是现实基础

区域协同创新是区域科技合作的最高合作阶段，京津冀地区不断发展深化的科技合作交流成为推进区域协同创新的重要现实基础。近几年，京津冀地区在环保科技领域合作不断加强。早在北京奥运会时期，三地就围绕大气治理开展合作，取得了良好的成效。京津冀协同发展战略提出之后，三地在大气污染防治、水污染防治、生态环境建设、节能环保技术应用等方面进一步加强了科技合作。

2014年，北京市科委、天津市科委、河北省科技厅正式签署《京津冀协同创新发展战略研究和基础研究合作框架协议》，在建立京津冀区域协同创新发展战略研究和基础研究长效合作机制、搭建三地共同研究战略平台、打造京津冀科技协同创新发展的"软环境"等方面达成共识；针对共同关心的热点、难点科学问题和产业共性关键技术需求，三方决定在有共性需求的重点领域，设立三地合作专项，分别予以支持，并鼓励三地科学家申请合作。合作专项项目采取共同组织的方式，三方共同确定重点领域、编制指南，凝聚优势研究力量开展区域联合攻关，解决重大共性科学问题，并推进成果利用，促进成果在三地共享与转化落地。

2017年7月，根据天津和河北对节能环保技术的迫切需求，为了充分发挥北京中关村节能环保企业技术优势，中关村管委会、天津市科委和河北省科技厅在北京联合发布《发挥中关村节能环保技术优势　推进京津冀传统产业转型升级工作方案》，明确提出通过承接重大工程和项目落地、关键技术研发与示范应用，形成跨区域节能环保项目合作机制，搭建绿色金融服务平台，促进天津和河北钢铁、化工、建材等传统产业转型升级。

三、京津冀环保科技协同创新现状与问题

（一）区域环保科技协同创新现状

资源短缺和生态环境恶化已成为制约京津冀协同发展的"瓶颈"问题。《京津冀协同发展规划纲要》中"生态环境保护"被列为三个率先突破之一，由此，京津冀将生态环境建设提升到国家层面。而京津冀生态环境一体化发展尤其需要科技协同创新的引领和支撑。

1.各区域间环保产业发展存在不平衡

京津冀是我国科技资源最为丰富的地区，区域人才荟萃，科技力量雄厚，科技创新投入巨大，科研水平全国领先。同样，环保科技资源也十分丰富。有数据显示，截至2015年，北京拥有国家部委直属节能环保科研机构43家，节能环保类国家重点实验室42个，级别高、实力强；共有26所985和211高校设立了节能减排和环境保护相关专业，节能环保相关科研机构和实验室超过300个，产业创新资源在国内领先（刘晓星，2015）。2016年，中关村节能环保与新能源产业总收入达5917亿元，企业数量1500余家，在节能、环保、新能源等领域，培育了神雾、天壕节能、碧水源等领军企业。相比之下，近年来虽然天津和河北的环保产业发展迅猛，但与北京的差距依然很大。

从地区分布来看，北京的环保科技资源主要集中在海淀区和朝阳区；天津是城区和滨海新区较为集中；河北是石家庄、邯郸、沧州、衡水等地区相对较多。高校、科研院所等学术机构与企业在空间上集聚分布，为产学研结合和协同创新提供了有利条件。

2.区域环保产业协同步伐加快，取得明显成效

京津冀协同发展战略提出之后，三地在环保领域加快了合作步伐，取得了明显成效。从2014年北京、天津、河北三地科技部门签署《京津冀协同创新发展战略研究和基础研究合作框架协议》起，统计显示，已有1500多家中关村企业在天津和河北设立分支机构或研发中心，在交通一体化、生态环保、产业转移等方面实施了一批新技术示范应用项目，三地协同创新加速推进（陈智国，2016）。为响应大区域生态治理要求，2017年7月，中关村管委会、天津市科委和河北省科技厅在北京联合发布《发挥中关村节能环保技术优势　推进京津冀传统产业转型升级工作方案》。三地政府将在方案指导下，发挥中关村节能环保企业技术优势，推进京津冀传统产业转型升级。中关村节能环保与新能源产业创新资源集聚，形成了以技术服务、工程总包、集成创新为核心竞争力的产业集群。此外，京津冀三地还将推进智慧环保平台建设，支持利用物联网等技术，搭建环保数据共享平台。同时，推进区域大气污染防治与水污染处理，重点推广烟气中多污染物联合脱除技术，助力实施燃煤电厂超净排放。京津冀三地还将协同推进固体废弃物

处置与土壤修复，推广高效节能技术及新能源与能源互联网应用，建设一批新技术新产品示范应用项目。

3.联盟作为载体在协同创新中起到重要作用

协同创新是科技创新的必然选择，产业技术联盟是实现协同创新的重要载体。近几年，京津冀三地组建了不少区域环保产业技术联盟，约30多个，在促进产学研用合作、提升技术协同创新能力方面发挥了重要的作用。例如，2013年年底，6省（市）主管部门联合发起成立了京津冀及周边地区节能低碳环保产业联盟，成立当天完成8个项目签约，签约金额大约200亿元。又如，2015年北京市科委牵头，与天津市科委、河北省科技厅、中国人民银行营管部等共同推动成立京津冀钢铁行业节能减排产业技术创新联盟，成为京津冀协同创新的重要先手棋。钢铁联盟一方面是利用北京丰富的科技资源及人才优势，将清洁生产、污染控制等方面的科技成果在天津、河北落地转化和产业化，促进钢铁行业的节能减排，服务大气污染防治；另一方面，针对钢铁产业的结构性过剩问题，依托北京市丰富的科技资源，通过推动技术研发、促进中试应用，推动高新技术成果在天津、河北落地转化，实现区域产业结构调整及产业转型升级，带动区域协同发展。截至2016年6月，已落地到津冀地区的节能减排示范工程6项，工程投资总额达到6.7亿元，评出20项技术产品入选2015年度京津冀钢铁行业节能减排先进技术目录并对外发布。还成立了北京鼎鑫钢联科技协同创新研究院和京津冀钢铁联盟（迁安）协同创新研究院，以河北省迁安市为典型代表区域，加快推进京津冀钢铁行业节能减排与产业转型升级科技示范区建设工作。此外，还成立了国内首个钢铁业节能减排环保基金，以便更好地推动区域内节能减排、迁安市产业转型以及京津冀协同创新发展（万同心，2016）。

（二）区域环保科技协同创新存在的问题

1.行政壁垒仍是影响环保科技协同创新的重要障碍

京津冀地区分属一省两市，由于地方保护主义、行政区划的影响，各地之间的科技合作和交流很难实现真正的合作共赢，条块分割仍是当前京津冀区域协同创新的重要障碍。京津冀地区行政隶属关系复杂，为了各自的本位利益，行政保护、条块分割现象较为严重，而行政区划的存在还导致政府协调机制作用有限，各地区政府往往更多顾及自身利益，这为区域科技协同创新造成了诸多困难与障碍。同时，也导致京津冀地区环保产业链条不完整、联动不足。目前，京津冀环保的产业化水平和发展速度无法满足区域性环境污染治理需求。

2.环保科技资源分布不平衡，创新能力梯度差异显著

京津冀地区各类创新资源丰富，但布局分散、自成体系、缺乏区域联动和互动，尚

未形成"相互开放、知识共享、联合公关"的协同网络体系，这也是制约京津冀区域创新能力提升的又一突出问题。前期梳理的数据表明，京津冀地区环保科技资源分布极其不平衡，约70%以上的机构、成果、仪器设备等科技资源集中在北京，三地创新能力梯度差异显著，产业异构明显，未能依托企业建立紧密的产业链联系。这就形成了各自为政、相对独立的产业分工体系。这种梯度差异对协同创新带来的后果便是三地间创新链、产业链和服务链的割裂。此外，部分地区技术承接能力不强，创新创业环境不够理想，产业化配套条件不完善，有些园区甚至缺乏基本的交通配套、产业链配套和生活配套，这些问题都反映出了地区差异（杨岚，2016）。

3.环保科技中介服务能力有限

目前，京津冀地区环保科技中介业的总体架构已初步形成，尤其是科技咨询、技术市场和人才市场等，对区域经济的发展和环境保护发挥了一定的促进作用。但环保中介服务机构特别是跨区域的环保科技中介服务机构发育不好，规模小、能力弱、服务质量和水平较低等问题依然存在。一方面，缺乏京津冀统一的技术市场，没有统一的环保技术交易网络，市场不规范，技术经纪人的合法权益得不到保障。另一方面，虽然三地都建有各自的环保高新技术开发区、环保科技创新创业园区，但京津冀层面共同的高新技术开发区之类的创新载体较少。另外，许多科技中介机构是从政府部门分离出来的，不仅在运行方式上遗留着行政机关的烙印，对政府的依赖性强，服务内容较单一，服务能力有待提高。

4.跨区域协同创新机制不完善

京津冀区域科技合作经过多年的努力仍处于起步阶段，行政壁垒造成三地的环保科技资源流动难和共享度低，三地的环保产业虽各有所长但同时也存在同构竞争现象，三地经济社会发展水平落差较大。北京作为全国科技"高地"，向河北周边转移的都是落后产能技术，未能真正带动河北科技发展。京津两个实力较强的区域，对河北的资源虹吸作用大于效益的辐射作用。

近几年，京津冀环保领域协同创新快速推进，三地建立了成果转化对接与技术转移转让绿色通道，尤其是2017年，三地借中关村节能环保企业技术优势，共推节能环保技术应用。但是，三地尚未形成在创新资源共享基础上的环保协同发展局面，跨区域协同创新机制不完善，包括协同创新利益协调机制、内生动力机制、双向协同机制、投融资机制、激励机制、风险分担机制等。尤其是三地科技创新的功能定位和区域分工尚不明确，政府间高层次的联合办公或合作磋商机制尚不健全；在区域环保科技规划、环保科技政策、环保重大项目、环保技术标准等方面的沟通协调机制不完善，致使区域环保科技协同创新的联系和协作程度低。

四、促进京津冀环保科技协同创新的建议

（一）制定京津冀环境保护科技协同发展规划

结合国家环境保护"十三五"科技发展规划，针对区域迫切需要解决的环境问题，在全面梳理三地环保科技现状与问题的基础上，京津冀相关部门共同研究制定区域环境保护科技协同发展规划，明确目标及三地定位，统筹考虑并布局环保科技重点任务，聚焦重点项目，为京津冀环保科技协同创新提供指导性文件。

（二）搭建京津冀环保科技资源共享平台

科技资源是跨区域科技协同创新的能量基础。京津冀是我国环保科技资源聚集的地区之一，整合及有效利用环保科技资源对区域环保科技协同创新具有重要意义。针对环保科技资源数据缺乏共享、数据资源挖掘能力不足、难以适应统筹管理和协同发展需要等问题，京津冀应研究建立环境数据资源目录体系，开展环保科技资源数据标准化和规范化建设，搭建跨区域环保科技资源共享平台，将环保相关机构、人才、成果、仪器设备、科研数据、政策等科技资源信息整合共享，促进创新要素的流动与组合，促进环保科技资源优化配置；建立环保科技资源数据汇交、共享、质控管理机制，推动三地间环保科技数据资源的互联互通。

（三）推动京津冀环保科技服务业集群发展

促进京津冀创新要素优化配置，推动京津冀科技服务业链条对接和分工合作，实现三地科技服务业协同发展，是京津冀协同发展的一项重要任务。针对环保科技服务业发展存在落差较大、产业链分散、互补性不强等问题，根据三地创新资源、环境、市场比较优势，统筹规划、分工协作，京津冀应尽快出台京津冀环保科技服务业协同发展规划，实现一体化发展。通过完善京津冀环保技术交易市场网络、促进京津冀环保科技要素资源自由流动和开放共享、推动京津冀环保科技服务企业深度合作等推进市场融合，强化主体协作；强化区域环保科技创新平台之间的合作，推进环保科技园区、环保产业创新基地、交易所、环保产业技术联盟等区域科技创新平台之间的合作共建，优化分工布局；鼓励环保领域建立跨区域的研发机构、中试和成果转化基地、产业技术联盟等，推动环保科技服务业跨区域集群发展。

（四）建立跨区域环保科技协同创新机制

跨区域环保科技协同创新机制是实现京津冀环保科技协同创新的重要保障，能够促进区域间创新系统有效整合，带动京津冀区域的科技、经济、社会、环境等全面可持续发展。

从一体化的角度而言，京津冀应尽快构建跨区域信息资源共享、利益共享、环保产业发展、项目合作、产学研合作、组织管理协调、环保人才流动、中介服务等方面的良好机制；支持开展跨区域利益共享机制试点，支持三地联合设立京津冀环保科技协同创新基金，支持联合共建环保产业协同创新示范基地，加快环保科技资源共享和利益共享。在金融创新方面，引导三地银行围绕环保科技创新，建立环保科技支行，重点支持节能环保、新能源、综合治理等领域；共同组建环保产业投融资管理平台，有效解决环保投入缺乏与京津冀生态环境保护需求之间的矛盾。

第七章　基于创新主体空间分布的
京津冀环保科技协同创新研究

本章提示：依托京津冀科技资源数字地图平台，开展基于创新主体空间分布的京津冀环保协同创新研究，内容包括科技资源与协同创新的关系、环保科技创新主体空间分布现状、空间分布特征、存在的问题以及对策与建议，为决策提供重要依据。

一、科技资源与协同创新

（一）科技资源的内涵

科技资源是科技发展的基础，也是跨区域科技协同创新的能量基础，其共建共享直接影响区域科技创新和科技成果的有效利用。目前，有关科技资源学术界尚没有统一的界定，人们对于"科技资源"包含内容的理解有所不同。科技资源是一种复合资源，既有属于社会资源的部分（如科技信息资源、仪器设备类资源等），也包括属于自然资源的部分（如大多是自然科技资源）。但它区别于一般自然资源，具有较强的社会性（蒋和胜，2005）。徐晓霞（2003）认为，科技资源是创造科技成果、推动整个经济和社会发展的要素的集合。广义的科技资源包括科技财力资源、科技人力资源、科技物力资源、科技信息资源4个方面，狭义的科技资源则限定在科技人力资源和科技财力资源上。闫巍等人（2005）认为，科技资源是计算资源、科研仪器设备、科学基础数据和科技信息资源。丁厚德（2005）认为，科技资源包括科技人才、科技活动资金、科学研究（试验）装备、科技信息，汇集于科技活动单位联合发挥有机的、系统的作用。刘玲利（2008）认为，科技资源是科技活动的基础，能直接或间接推动科技进步进而促进经济和社会发展的一切资源要素的集合。苏冬梅等人（2012）认为，科技资源是指能够服务于社会发展，推动社会进步的一切有利于社会各项事业向现代化、先进化方向发展的人力、物力、财力等资源。

董明涛等人（2014）研究了科技资源分类体系，阐述了比较有代表性的"三要素论""四要素论""五要素论"分类理论（表7-1），再从更广泛的角度把科技资源要素组成划分为科技人力资源、科技财力资源、科技物力资源、科技信息资源、科技技术资源、科技制度资源、科技组织资源7个方面[①]。

表7-1　科技资源分类表

典型分类理论	科技资源要素的主要内容
三要素论	科技人力资源、科技物力资源、科技财力资源
四要素论	科技人力资源、科技财力资源、科技装备资源、科技信息资源
五要素论	科技人力资源、科技财力资源、科技装备资源、科技信息资源、科技政策与管理资源

　　由此可见，不同学者对于科技资源的内涵界定和理解有所不同，但普遍认为科技资源是开展科技活动、促进经济社会发展的物质基础，是多要素的集合，既涉及人也涉及物，既包括有形资源也包括无形资源，各组成要素具有层次性，在科技活动中具有不同的功能和作用，且它们通过相互作用形成一个整体系统。

　　另外，"科技资源"与"科技创新资源"既有相同之处，也有不同之处。综合已有的研究论述，本书认为"科技资源"比"科技创新资源"范围更加广泛。在一般研究中，对"科技资源"和"科技创新资源"概念上的细微差别做出区分并没有更多的实际意义。在本书后续章节的分析中，将不对"科技资源"和"科技创新资源"的概念做严格的区别。

（二）科技资源与区域协同创新的关系

　　协同创新是通过推动创新主体间突破壁垒实现深度合作，有效集成创新资源和创新要素，显著提升创新驱动能力和效率，是科技创新的有效组织模式。若想实现区域协同创新，先要整合和共享科技资源，当今世界，协同创新越来越成为科技创新活动最为鲜明的特征，成为发达国家和地区保持科技创新优势地位的主要方式，尤其是在国际金融危机后，许多国家纷纷调整科技部署和创新模式，大范围、大跨度整合创新资源，在科技前沿和重点领域展开布局，抢占未来发展制高点。协同创新也是欠发达地区快速提升

---

　　① 科技人力资源指从事科技活动的人员，包括直接从事科技活动和为科技活动直接提供服务的人员，是实际从事或有潜力从事系统性科学和技术知识的产生、发展、传播和应用活动的人力资源。科技财力资源指科技活动的经费投入，如科研经费中的R&D经费及其占国内生产总值（GDP）的比重，是评价国家科技竞争力的主要指标。科技物力资源是指开展科技活动所需的各类大型科研仪器和设备，各科研机构、大学、企业的技术研发机构、实验基地、国家重点实验室、科技服务机构、技术研究中心等基础设施和物质性条件。科技信息资源是指以信息形态表现的各种科技创新与科技研究的产出和成果，包括科技文献、科技专利、数据库、科学数据等。科技技术资源是指开展科技活动、加快科技成果转化可采用的技术手段。科技制度资源是指政府对科技活动的一些指导性纲领和文件，包括各种规章制度、政策法规等。科技组织资源是指可以提供科技服务活动的单位或组织，如上级主管部门、高等院校、科研机构、科研联盟单位及科技服务平台等。

创新驱动能力的现实途径。

京津冀协同发展的实现，关键靠协同创新，根本靠创新资源的整合。目前，京津冀城市群科技资源呈现"大集聚、小分散"特征，区域内创新资源配置严重不均，创新人才、创新资金、创新技术等创新要素分布落差很大，高校、科研院所、企业等创新主体实力也参差不齐，区域产业技术创新的协作程度较低，亟须整合科技资源、构建京津冀协同创新共同体，以促进区域内部知识流动、资源共享、技术扩散。

1.科技资源是区域协同创新的基础

人、财、物、信息等是科技资源的基本要素，也是区域协同创新的基础性要素。参与创新活动的企业、高校、科研机构、科技中介服务机构等是区域协同创新的主体；科技人才是区域协同创新的核心动力；科技财力是区域协同创新的资金保障；科技信息是区域协同创新的载体。因此，重组科技资源是实现科技创新的基础，各种资源合理有序流动，共同发挥作用，才能支撑整个创新系统的发展，推进跨区域科技协同创新活动的有效开展。

2.整合科技资源信息是区域协同创新的关键

科技协同创新对促进京津冀协同发展的重大意义正日益受到国家、地区和社会各界的高度重视。目前，京津冀科技资源分布不平衡、资源共享困难、资源利用不充分等是区域协同创新推进过程中面临的重大问题。京津冀是我国科技资源最为密集的地区之一，坐落有上百所大学和一大批高水平科研院所，聚集了成千上万的高科技公司。高效配置这些科技资源对京津冀区域乃至整个国家的经济转型升级和创新驱动发展将会产生巨大影响（冯国梧，2016）。但是区域间科技资源分布不平衡，共享程度低下，存在诸多科技资源信息孤岛和信息壁垒，导致三地创新能力、创新活力、创新效率差异明显，这直接影响京津冀区域科技资源的使用效率和科技发展速度，严重阻碍京津冀区域协同创新发展。因此，整合京津冀三地科技资源，搭建京津冀科技资源信息共享平台，打破科技资源信息壁垒是区域协同创新的关键。

3.科技成果转化是区域协同创新的重要抓手

科技成果转化是将科学研究与技术开发所产生的实用性成果转化为新产品、新业态、新产业的过程，是科技成果由技术领域向市场领域的跨越。科技成果转化是京津冀区域实施创新驱动发展战略及协同创新共同体建设的重要抓手，是提升区域创新能力、提高区域创新绩效的必然选择。

科技成果转化是创新的内在要求，也是创新关系的深层梳理。科技成果转化的过程实际上是理顺高校、科研机构、企业等多类主体之间供需关系，以及科学发现、技术研发、生产制造、市场开发等系列环节关系的过程。只有对各创新主体功能定位、目标方向重新梳理和界定，建立创新的市场导向机制，把握好技术"中试""商业化开发"等关键节点，才能打通科技到经济的转移转化通道。

京津冀是我国科技机构和成果密集的地区之一，尤其是北京地区，拥有1/3的国家级重点实验室、1/2的两院院士、1/3的国家专利，是国内最大的科技成果转移转化中心。但事实上，北京科技市场向外科技输出的地方多为中部和南部省份，河北占北京向外科技输出的技术合同金额总量的比重仅为2%左右（崔巍，2016）。由此可见，打通京津地区科技成果向河北转移转化是区域协同创新的核心内容，是实施京津冀协同发展战略、提高区域创新能力的关键。

4.科技资源集聚是实现区域协同创新的重要途径

产业集聚理论的研究成果能为科技资源在空间上的集聚现象提供理论支撑。例如，阿尔弗雷德·马歇尔的外部经济理论、阿尔弗雷德·韦伯的工业区位论、弗朗索瓦·佩鲁的增长极理论、以保罗·克鲁格曼为代表的新经济地理学，等等（表7-2）。这些理论尽管是从企业的角度阐述的，但为科技资源的空间集聚现象提供了理论根据。

表7-2　国外空间集聚相关理论

理　论	人　物	观　点
外部经济理论	阿尔弗雷德·马歇尔（Alfred Marshall），英国	马歇尔在其经典著作《经济学原理》中，使用了"集聚"的概念去描述地域的相近性和企业、产业的集中，指出集聚能产生正的外部效应。马歇尔提出地方性工业是具有分工性质的工业在特定地区的集聚，马歇尔把这些特定的地区称作"工业区域"。地方性工业之所以能够在工业区域内集聚，根本的原因是获取外部规模经济所带来的收益。马歇尔将其归结为五个方面：提供协同创新的环境，辅助性工业带来的好处，提供有专门技能的劳动市场，平衡劳动需求结构，促进区域经济健康发展。它还指出，协同创新的环境是产生集聚的"空气"，在产业空间集聚的过程中具有极大的作用
工业区位论	阿尔弗雷德·韦伯（Alfred Weber），德国	韦伯在1909年发表《工业区位论》，创立了完整而系统的现代产业区位理论，其中对产业的空间集聚是韦伯工业区位论的重要内容。他将影响工业区位的因素分为区域因素和位置因素，区域因素主要指运输成本（运费）、劳动成本（工资），位置因素则指工业的集中（集聚）。从微观企业的区位选择角度，韦伯阐明了企业是否相互靠近取决于集聚的好处与成本的对比。韦伯将企业的集聚分为两个阶段：初级阶段，仅通过企业自身的扩大而产生集聚优势；高级集聚阶段，各个企业通过相互联系而地方工业化

理 论	人 物	观 点
增长极理论	弗朗索瓦·佩鲁（Francois Perroux），法国	他强调投资在推动性工业（极）中，通过与其有投入产出联系的工业而导致全面的工业增长。后来，缪尔达尔、赫尔希曼、保德威尔等学者的一些著作中，阐明了同类的观点，即推动性，工业所诱导的增长发源于推动性工业所在的地理中心，这种地理中心称为增长极。事实上，佩鲁最早提出增长极概念时，并不是用于产业区位理论的研究，而是经济增长理论
竞争优势理论	迈克尔·波特（Michael E.Porter），美国	在波特的钻石模型中，创新是企业竞争优势获得的根本途径，产品创新或工艺创新是企业创造新市场或获得及保持市场份额的核心。而产业集聚或者说产业群则正是企业实现创新的一种途径，这实际上是从竞争力的角度探讨产业集聚的观念。波特认为企业集群代表着一种能在效率、效益及柔韧性方面创造竞争优势的空间组织形式。企业集群所产生的持续竞争优势源于特定区域的知识、联系及激励，是远距离的竞争对手所不能达到的
新经济地理学	保罗·克鲁格曼（Paul Krugman），美国	新经济地理学研究的主要议题包括经济活动的区位问题和经济空间过程。在思想上，新经济地理学应用新增长理论，强调报酬递增，强调内生化比较优势，方法上采用了经济学领域一贯使用的数学模型方法，试图在理解经济活动的空间现象和空间过程中寻求其动力学机制，与传统的经济地理学相比较，二者有着共同关注的问题。但是从研究方法上说，新经济地理学有明显的创新
新产业区理论	巴格拉斯科（Bagnasco），意大利；皮埃尔和塞伯（Piore & Sabel），美国	新产业区理论将产业集聚形成的机制归结到这样几个方面：第一，传统产业集聚的主要目的是为了节约运输成本、取得外部规模优势；第二，产业联系，或者说企业联系是产业集聚的核心，在新产业区中，产业的地方联系是形成集聚的又一重要原因。正是企业间的地方化网络联系，在相当程度上促成了产业集聚；第三，从价值链的角度分析不同企业的不同组件如公司总部、R&D部门、生产单位在地理空间上的分布特征，公司总部与R&D部门具有在国际大都市周围集聚的倾向；第四，处在不同生命周期的产业对地方环境的依赖不尽相同。对地方环境依赖性强，也即根植性强的产业，集聚的倾向明显；第五，与一般产业相比，高科技产业有特有的集聚机制。高科技产业对劳动"质量"与"有效性"的要求远胜于对劳动"成本"的考虑，只有拥有大量高质量与高效率劳动的地区才能成为高科技产业的集聚地
创新网络	卡马吉内（Camagini）等	1991年，GREMI中的主要成员卡马吉内等在主编的《创新网络》一书中指出了区域发展过程中企业及其外部的网络连接对于企业发展创新以及整个区域经济发展的关键作用

续表

理 论	人 物	观 点
点—轴系统理论	陆大道，中国	1984年，中国科学院地理研究所陆大道先生以增长极理论和生长轴理论为基础，将两者有机结合起来，提出了"点—轴系统"理论。该理论强调的是社会经济要素在空间上的组织形态，包括集中与分散程度、合理集聚与最满意或适度规模，由"点"到"点—轴"到"点—轴—集聚区"的空间扩散过程和扩散模式；强调点与点之间、点与轴之间的关系等，尤其重视主要交通干线，即"轴"的作用

科技机构是科技活动的主要实施载体，科技资源的空间集聚实际上是指机构的空间集聚。通常，区域协同创新需要通过创新要素的整合与流动、创新主体之间的互动等来实现，其中，创新要素流动是推动区域协同创新形成的根本力量，创新主体之间的互动是首要推动力，而创新要素的流动和创新主体之间的互动与空间地理上的集聚、关系网络上的集聚有着密切关系，例如，主体间空间距离越远，知识传递相对越困难，维持组织间紧密联系越困难，位于创新型组织集聚区域的企业往往能够获取更多的潜在的知识溢出，这对企业长期发展至关重要，尤其是对创新性企业而言。因此，企业的区位选择具有一定的空间趋向性，会基本遵循地理邻近原则（高丽娜，2014）。

空间地理上的集聚主要是指相互关联的机构群体由于地理空间上的接近而形成的组织结构。机构空间集聚本质上体现了创新主体之间的空间区位上相互选择的某种策略均衡。相关研究证明，科技机构集聚是实现协同创新的重要途径。通常，科技机构集聚一般有三个特征：一是地理上的临近性，可以减少机构之间的物流成本、能源成本和实践成本；二是联系性，机构之间的联系性可以减少创新成本，打造协同创新环境，加强垂直关系和水平联系；三是互动性，机构间的互动性则有利于学科的融合，头脑风暴和技术的集成，容易带来知识的依附效应。刁丽琳等人（2014）对中国区域产学研合作活跃度的空间特征与影响因素进行了研究，结果表明，创新主体之间的产学研合作存在空间分布的集聚特征，这说明创新主体之间的合作受空间距离的影响，空间距离越近的创新主体之间越容易形成合作与互动关系。

关系网络上的集聚则表现在创新主体在区域内结成的网络，不仅包括同一产业或相关链条上的创新主体之间的正式产业和经济网络，而且还包括企业协同创新与发展过程中，与当地的高校、科研机构、行业学会等中介服务组织以及地方政府等公共组织机构之间结成研究和开发合作网、社会关系网、企业家之间的个人关系网络等。当前，在科技经济全球化的环境下，开放、合作、共享的创新模式被实践证明是有效提高创新效率的重要途径。纵观发达国家创新发展的实践，其中最重要的一条成功经验，就是打破领域、区域和国别的界限，实现地区性及全球性的协同创新，构建起庞大的创新网络，实现创新要素最大限度的整合。例如，美国硅谷成功的关键在于区域内的企业、高校、科研机构、行业协会等形成了扁平化和自治型的"联合创新网络"，使来自全球各地的创新创业者到此能够以较低的创新成本，获取较高的创新价值。协同创新已经成为创新型国家和地区提高自主创新能力的全新组织模式，成为企业保持长期竞争力的重要途径。而这种协同创新网络的发展促使科技资源的高效集聚，优化区域科技资源配置和空间布局，进而实现科技资源的空间集聚与新产业区的持续发展。

（三）区域科技资源信息共享服务平台对协同创新的作用

构建信息共享服务平台是区域科技资源信息有效利用的新方式，也是信息化时代进行科技创新和提升区域科技软实力的重要推动力，科技资源信息共享平台也被列为国家科技基础条件平台建设工程的重要内容之一（史琳，2014）。科技资源信息共享平台以推动资源共享、助力科技创新为目的，以共建、共享、协作、服务为宗旨，解决了科技资源与经济发展不相匹配的问题，盘活了丰富的科技资源（刘洋，2014），也成为提高区域科技资源使用效率与效益的重要手段。

《"十三五"国家信息化规划》（2016年）提出：构建跨行业、跨区域、跨部门的创新网络，建立线上线下结合的开放式创新服务载体，整合利用创新资源，增强创新要素集聚效应。并指出依托区域优势，强化区域间信息基础设施互联互通和信息资源共建共享，促进要素跨地区、跨部门、跨行业有序流动，资源优化配置和环境协同治理，优化区域生产力布局，促进区域协调发展。立足西部开发、东北振兴、中部崛起和东部率先的区域发展总体战略和"一带一路"建设、京津冀协同发展、长江经济带发展等重大国家战略，实施区域信息化一体化发展行动，提高区域协同治理和服务水平。由此可见，信息化代表新的生产力和新的发展方向，已经成为引领创新和驱动转型的先导力量。构建科技资源信息共享服务平台对京津冀协同创新和协调发展具有重要意义。

科技资源信息共享服务平台是聚集创新要素的重要载体，是科技创新体系的有效组成部分，是为区域经济发展提供信息服务的重要途径。第一，科技资源信息共享服务平台是借助网络技术实现的科技资源信息的新重组，改变了以往科技机构各自独立进行科学研究和技术创新的局面，打破了区域内科技资源信息领域的条块分界。第二，建立科技资源信息共享服务平台能够减少"信息孤岛"，将科技资源信息的关联性加以提升，改变以往各个机构各自拥有信息资源而不共享的局面，以"一站式"解决问题的方法满足各方需求。第三，通过科技资源与科技创新需求的发布，实现科技供给与需求的自动匹配、对接，促进技术成果转化，为区域科技创新提供不竭的动力源泉。第四，加速科技创新，提高区域的科技竞争力。科技资源信息共享服务平台直接反映了地区的科技面貌和整体实力。平台建设本身就是区域软实力的一个重要体现。同时，平台的便利和资源优化极大地推动了区域的科技创新，使信息的流动、共享、利用、开发和再生产变得畅通无阻，成为区域面向世界信息化浪潮的一个重要窗口。第五，促成区域协同创新共同体的形成和融合。科技资源信息共享服务平台的使用者、参与者和协调者都是科技创新主体，是科技进步的推动力量，他们通过资源的共享和合作，以及基于平台对各项事务的广泛参与和相互交流，开始形成拥有共同目标和共同价值观的协同创新共同体（朱炎，2012）。此外，共享平台可以集中科技资源，避免重复投入，提高科技资源的使用效率，将经济效益发挥到最大限度。

科技资源开放共享和联合研发是京津冀协同创新的重要动力。近几年，三地围绕节能环保、生态环境、现代交通等重点领域，支持京津冀企业、高校院所开展联合研发。北京、天津、河北的科技、环保、气象等16家科研单位联合承担国家科技支撑项目"京津冀区域大气污染联防联控支撑技术研发与应用"，建立区域空气质量综合观测网络，开展区域重污染预报预警；建立区域空气质量综合调控与决策支持系统，为京津冀区域大气污染联防联控提供支撑。京津冀区域科技创新的潜力巨大，实现环保科技资源信息共享利用是京津冀环保科技协同创新的关键。

二、京津冀环保科技创新主体空间分布现状

区域就是差异化因素的集合，区域具有空间性、资源性、差异性和开放性等特征。而为区域经济、社会发展提供支撑的具有区域特征的开放性科技系统，称为区域科技体系，简称区域科技（马强，2010）。区域科技体系是一个开放的体系，其依托和服务对象是区域经济和社会发展，这也说明了科技资源作为区域科技体系的基础资源，不同区域的科技资源在分布上具有差异，而这种资源禀赋与区域的经济社会水平密切相关。由于历史等种种原因，京津冀三地经济发展水平差距较大，二元结构问题突出，也导致了三地科技资源分布不平衡。体现在京津冀三省（市）之间，京津城区与郊区县之间，中心城市与地级市之间的分布差距大，使得京津冀科技资源长期处于分散、分隔和分离状态，创新对经济发展的驱动潜能未能充分释放。但目前这些结论大多来自区域层面的宏观统计指标的分析，缺乏基于微观指标（机构层面）的分析，科技机构空间分布情况、空间集聚特征和存在问题并不是十分清楚。开展科技机构尤其是创新主体的空间分布研究，有利于挖掘创新主体之间的空间关联关系、集聚规律、空间格局等，为揭示协同创新机理、优化配置科技资源具有重要的指导意义。本书依托京津冀科技资源数字地图平台，

分析环保科技创新主体的空间分布现状、空间分布规律与存在问题，从布局优化调整方面提出对策与建议，为京津冀环保科技协同创新发展与相关政策制定提供参考依据。

（一）京津冀科技资源数字地图平台概况

1.平台建设目标与意义

京津冀科技资源数字地图平台[①]是面向区域协同创新的科技资源信息共享服务平台，是地理信息系统（Geographic Information System，简称GIS）在科技资源、科技服务领域的应用成果。平台紧紧围绕协同创新这一时代主题，综合运用大数据、互联网、云计算等技术，以创新需求为导向，建立创新主体、创新载体、政府与公众等多方共享的跨区域科技资源信息共享平台，最终打造集信息查询、可视化分析、综合评价、模拟预测、辅助决策等功能于一体的京津冀科技资源创新服务平台。

平台具有信息资源丰富、信息传递快捷、信息查询灵活、信息可视化表达强大以及定性、定位、定量等优势。它一方面弥补了京津冀区域科技资源信息服务平台的空白，促进区域科技资源信息共享，提升科技资源的利用效率；另一方面基于GIS系统集成各种科技资源数据、高效管理科技资源信息，依托GIS强大的可视化表达与空间分析功能，搭建科技资源时空分析决策服务平台，挖掘用于科学决策的价值信息，构建高效、智慧、快速响应的情报服务体系，为资源匹配、供需对接、空间决策等提供有力支撑。平台建设对有效整合京津冀区域科技资源信息、盘活区域科技资源、释放区域创新活力起到促进作用，为全国科技创新中心建设和京津冀协同创新提供强力支撑。

2.平台特色

与一般的信息服务平台相比，京津冀科技资源数字地图平台具有如下特色：一是以时空视角审视京津冀区域科技资源统筹发展。平台将时空因素纳入总体框架设计中，基于时空纬度挖掘分析科技资源信息；以新经济地理学和区域经济学理论为基础，关注区域科技资源的历史积累和禀赋，为京津冀科技资源空间集聚、资源高效配置、科技资源布局优化等宏观决策提供科学依据。二是平台采用总体设计、分步实施、边研究边建设边示范的方式，以大数据、互联网、云计算、地理信息系统为技术手段，以"科技资源+数字地图+情报研判+平台服务"为特色模式，打造集信息查询、可视化与分析、综合评价、辅助决策等功能于一体的京津冀科技资源协同创新服务平台。三是科技资源与GIS的融合。平台是基于服务式GIS系统架构，经二次开发形成的数字地图系统，是科技资源领域与GIS相融合的创新应用平台。平台构建底层统一的科技资源数据库和地理空间

[①] 京津冀科技资源数字地图平台是北京市科技情报研究所牵头搭建的跨区域科技资源信息共享服务平台。

数据库，通过对科技机构地址的地理编码，得到机构资源的空间分布。以机构地理位置为纽带，集成了人、财、物、信息等科技资源要素；以区域为载体，整合社会经济、自然环境、科技、产业、政策的信息，将研究空间从单一的科技领域延伸到广义的"经济—环境—社会"复合空间，有利于分析科技资源空间区位与空间集聚机制以及科技与经济社会发展、环境的相互关系（图7-1）。

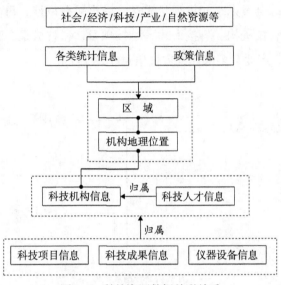

图7-1　科技资源数据关联关系

3.平台总体框架与主要内容

（1）平台框架

平台系统分为数据采集层、数据管理层、应用服务层、价值实现层。数据采集层主要是实现对各类科技资源数据的收集、整理、分类，借助数据采集处理工具，按照统一的数据标准规范完成入库。同时，建立规范的数据库结构，实现不同子库之间的关联。数据管理层主要实现对各类数据资源的管理功能，以及科技资源信息采集工具、数据管理和审核工具、科技资源时空数据分析工具、科技统计分析工具等工具管理。应用服务层要实现包括科技资源信息查询、科技资源地图可视化、科技决策分析和支持、科技资源综合服务门户及相应的系统管理功能等各类应用服务。应用服务层是整个项目的核心内容，由于项目的功能模块较多，所以借助一个统一的服务平台进行功能集成和数据的统一共享。价值实现层基于项目的研究成果基础，为科研、政府、企业和公众提供不同的服务内容，实现科技资源的创新价值。

（2）平台主要建设内容

京津冀科技资源数字地图平台建设内容可概括为"一库三系统"，"一库"是指京津冀科技资源数据库，"三系统"是指科技资源数字地图查询系统、数据可视化分析系统、辅助决策支持系统。

1）京津冀科技资源数据库：数据库系统是整个平台的基础和重要支撑，它能够实现对科技资源基础数据的存储、查询和利用，为科技决策和服务提供基础数据流和存放运行结果。该系统根据科技资源的整合共享、高效利用的需求，从科学管理各类数据的存储与管理要求出发，综合考虑空间可视化表达、数据可获取性、可分析性，将京津冀科技资源信息归纳为：科技机构、科技人才、科技项目、科技成果、科技基础设施、科技政策、科技统计数据、产业、多媒体九方面信息（图7-2）。

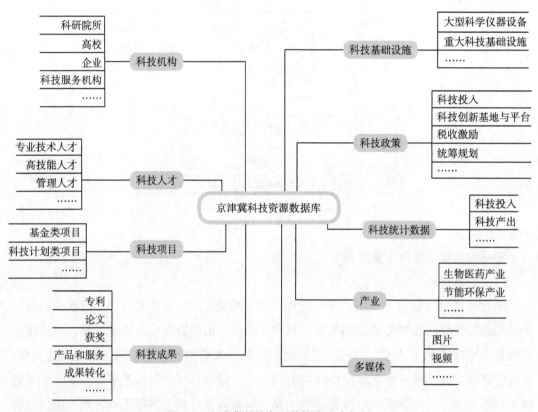

图7-2　京津冀科技资源数据库内容框架

2）科技资源数字地图查询系统、数据可视化分析系统、辅助决策支持系统：科技资源数字地图查询系统以数字地图的形式，将不同领域（如环保领域）的高校、科研院所、企业等创新主体的位置信息和属性信息呈现在地图上，帮助用户快速查询所需的机构、人才、成果、仪器设备等信息，为协同创新快速匹配相关创新资源提供方便。同时基于地理编码技术将查询结果进行地图展示，有利于摸清区域内科技资源的"家底"，有利于直观、快速查看科技资源空间分布现状、地区资源禀赋等。

　　数据可视化分析系统通过图层管理对不同类别数据进行叠加，实现科技资源数据增值，满足多样化的科研需求；实现科技资源空间可视化表达和数据深度挖掘分析，有利于揭示空间特征和规律，挖掘空间关联，把握空间布局和发现问题。目前，可对区域宏观统计数据和机构微观数据进行统计分析和空间关联分析，并给用户提供在线制图功能。例如，京津冀各城市资源与环境统计数据的地图可视化、环保企业分布地图等。

　　辅助决策支持系统通过对科技资源数据挖掘、模型方法构建，为决策者提供分析问题、建立模型、模拟决策过程和方案，调用各种信息资源和分析工具，帮助决策者提高决策水平和质量。例如，可进行区域科技资源的现状、潜力、协同布局等方面的评价，为区域科技资源优化配置、协同布局优化提供决策依据。

（二）基于京津冀科技资源数字地图平台的环保基础数据分类

　　环保基础数据是京津冀环保科技协同创新不可或缺的重要资源。根据京津冀科技资源数据库内容框架，本书将环保基础数据分为两大类：第一类是区域环保科技资源数据，包括环保领域机构、人才、项目、成果等；第二类是区域人地关系基础数据，包括资源、环境、人口、社会、经济相关统计数据（图7-3）。采集来源包括网上公开数据和调研数据，包括中国科学院地理科学与资源研究所的人地系统主题数据库（http://www.data.ac.cn/）、中国知网（http://www.cnki.net）、数析网（http://tjsql.com）、相关政府官网（中华人民共和国环境保护部官网、北京市环保局官网、天津市环保局官网、河北省环境保护厅官网等）、相关统计年鉴和公报、德温特专利数据库、科学仪器设备数据库以及其他。

　　1.区域环保科技资源数据

　　科技机构数据：从事环保领域的高校与科研院所、节能环保企业、节能环保重点实验室等研发平台、节能环保园区、节能环保产业技术联盟等。

　　科技人才数据：从事环保领域的专业人才。

　　科技项目数据：973计划、国家自然科学基金项目、地方级自然科学基金项目、国家软科学研究计划、国家星火计划、国家火炬计划等项目中与环保领域相关的课题。

　　科技成果数据：国家级和地方级获奖、专利、论文等成果中与环保领域相关的科技成果。

　　科技基础设施数据：环保领域相关的大型科学仪器设备、重大科技基础设施数据。

　　科技统计数据：地区环保科技投入、环保科技产出等统计数据。

　　2.区域人地关系基础数据

　　资源基础数据：水资源、土地资源、森林资源、湿地资源、矿山资源、能源等现状数据以及资源利用数据、资源生产与消费数据等。

　　环境基础数据：大气环境、水环境、固体废弃物、噪声、生态环境等方面的污染与治理数据。

人口基础数据：人口数量、规模、性别、教育程度等方面的数据。

社会经济数据：宏观经济数据、产业经济数据、社会发展数据等。

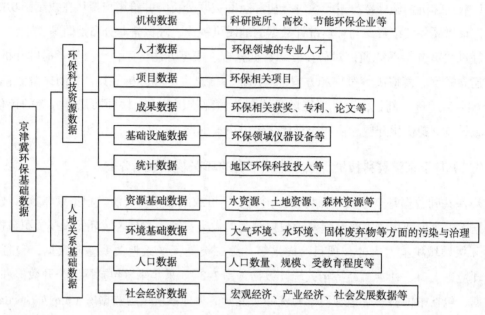

图7-3 京津冀环保基础数据分类

（三）环保科技创新主体空间分布现状与特征

跨区域科技协同创新是指不同区域的创新主体（包括企业、高校、科研机构等）跨越行政区划的限制，与其他创新主体协作开展科学研究、技术开发、技术应用和转化等科技创新活动，共同调动、整合区域间的科技资源，通过复杂的非线性相互作用而产生单独个体和单个区域无法实现的整体协同效应和创新绩效。通过跨区域科技协同创新，能够促进区域间创新系统有效整合，带动各个区域的科技、经济、社会、环境等的全面可持续发展（毕娟，2016）。可见，研究科研机构、高校、企业等创新主体间的相互作用是协同创新的关键因素。而不同区域创新主体的数量差异性和空间聚集，影响科技创新网络的格局形成、区域科技创新能力以及区域产业发展。研究环保科技创新主体的空间分布格局、领域格局现状，对京津冀环保科技协同创新和环保产业发展具有重要意义。

1.研究方法

收集、整理、筛选环保领域[①]的高校、科研机构、企业等创新主体和重点实验室、

---

① 本书中环保领域是指广义范围的，包括资源利用、节能与环境保护等方面。

工程技术研究中心，分析其空间布局和细分领域分布，可以为管理者和研究者提供科学依据，进一步发挥科技资源在京津冀区域创新链构建及科技创新体系中的作用。

信息获取方法和途径如下：

（1）高校与科研机构

高校与科研机构的信息来源主要有以下三个方面：一是论文信息。论文作为一种主要的科研成果形式被各科研机构重视并成为科研产出的重要指标，从论文中搜集、筛选高校、科研机构的信息是一个有效、可信的获取途径。主要方法是通过知网（www.cnki.net）收集环保领域相关论文，从中筛选、整理机构的名称，并加以去重以及方向分类，其结果作为分析的基础数据之一。二是项目及成果信息。从项目及成果中提取机构信息也是有效路径，项目主要包括国家自然科学基金、973计划、国家社科基金、地方级自然科学基金等，成果包括国家级以及地方级获奖、专利等。三是公开信息服务平台，如图吧（www.mapbar.com）、教育部官网等。以上三方面获取的环保领域相关机构信息，去重之后，依托京津冀科技资源数字地图平台，得出高校与科研机构的空间分布现状、特征。

（2）节能环保企业

通过调研、公开网络查询，收集并筛选规模以上企业、上市企业及发展较好的优秀企业信息，进行去重处理。

2.高校与科研机构空间分布

（1）数量分布

经数据采集、筛选与加工处理后，本书共获得644家环保领域的高校与科研机构用于分析。从数量上看，京津冀环保领域高校与科研机构多半集中在北京，有366家，占总数的57%；其次是天津，有75家，占总数的12%。石家庄也较多，有60家，占总数的9%，其他地区数量较少（图7-4）。从级别来看，北京地区国家级的机构居多，天津、石

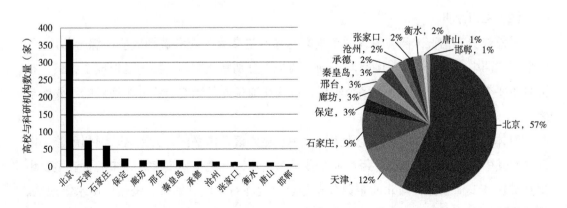

图7-4　高校与科研机构地区数量排序与所占比例

家庄以及其他地级市大多为国家级机构的分部或地方级机构，可见，三地环保领域科研机构无论从数量还是级别上差距都较大。

（2）空间分布

基于京津冀科技资源数字地图平台，获得京津冀环保领域的高校与科研机构空间分布现状，结果表明，环保领域高校与科研机构分布呈现出明显的空间集聚特征。从空间分布来看，北京市海淀区东南部、朝阳区东部、西城区和昌平区机构较多，其中，海淀东南部相对比较密集，这与过去海淀区为北京市科教中心这一功能定位、人文氛围等密切相关，而郊区县分布较少。天津市集中在南开区，石家庄的科研机构主要集中在市区，形成小集聚。

3.节能环保企业空间分布

（1）数量分布

为了分析京津冀节能环保产业相关企业，本书结合调研和公开信息渠道，筛选并加工规模以上企业、上市企业及发展较好的（具有网站）优秀企业共564家作为样本（去重后），其中，北京334家，天津88家，河北142家（图7-5），涵盖环保设备产业、节能产业和资源循环利用产业。

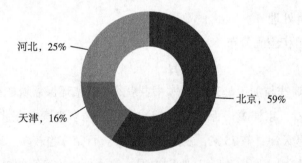

图7-5 京津冀节能环保企业样本构成

（2）空间分布

从总体分布情况来看，京津冀节能环保企业在集聚效应和选择效应的综合作用下，已形成"两中心—多轴线"的空间格局。两中心分别是北京、天津，已形成了集聚；并沿着主要交通干道分布形成了多个轴线，说明交通条件是影响企业分布格局的重要因素之一。

具体而言，北京节能环保企业主要集中在城六区及昌平区、大兴区、通州区等平原地区，其中，海淀区的节能环保产业企业最为密集，其次是朝阳区。天津的企业主要集中在城区和滨海新区，河北的企业分布热点出现在石家庄、邯郸、沧州、衡水等地区。从节能环保产业细分领域来看，北京主要以环保装备和资源循环利用产业为主，天津主要以环保装备为主，河北主要以环保装备和资源循环利用产业为主，而节能产业企业数量总体较少（图7-6）。可见，三个地区节能环保产业的发展不平衡，环保装备产业、资源循环利用产业、节能产业三个细分领域发展也不平衡。

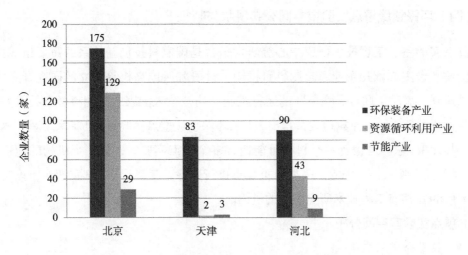

图7-6　京津冀节能环保企业细分领域数量统计

　　另外，我们对节能环保企业与高校、科研机构空间分布情况进行了比对，结果发现，高校、科研机构与企业在空间上形成了集聚，这种现象十分有利于创新主体间的合作交流与产学研结合，即不同规模的企业之间以及企业与学术机构之间围绕技术集成、产品研发和产业链形成而展开的多种形式的连结和合作，对促进产业的健康发展起到积极作用，但其成效如何，能否形成良好的共生关系以及产业创新生态环境，还需要政府以恰当的方式和手段去加以引导，发挥平衡器的作用。

　　从A股环保产业上市企业分布情况来看，在全国92家A股环保产业上市企业中，京津冀地区有22家，占全国约1/4。其中，北京17家，分别位于海淀区、朝阳区、昌平区、东城区、西城区、通州区；天津4家，分别位于河东区、河西区和滨海新区；河北1家，位于石家庄市，说明京津冀地区在节能环保产业领域具有良好的发展基础和潜力。细分领域主要以水污染防治和大气污染防治为主。从节能环保上市企业年营业收入分地区统计来看，主要的营业收入来自京津地区。北京的海淀区、朝阳区、东城区、昌平区产值统计均在100亿元以上，其次是北京的大兴区和天津的滨海新区。

　　本书采用热点分析方法，对京津冀环保领域的高校、科研机构、企业等科技机构的空间热点分布特征进行分析，结果表明：①从节能环保上市企业分布和营业收入统计来看，滨海新区节能环保上市企业较为集聚，且已经产生规模效益，因此，滨海新区在未来环境相关科技资源投入和建设中具有一定的潜力；②通过节能环保上市企业营业收入空间聚类分析，可以发现，北京的昌平区、朝阳区、东城区的节能环保上市企业营业收入空间统计上存在着明显的高—高聚集分布特征，在这些区域环保上市企业已形成一定的规模效益。

（四）环保领域重点实验室空间分布现状与特征

重点实验室、工程技术研究中心等研发平台是国家科技创新体系的重要组成部分，这些研发平台主要依托企业、转制科研机构、科研院所或高校等设立的研究开发实体，实行"开放、流动、联合、竞争"的运行机制，均被纳入国家中长期科学和技术发展规划纲要。经过筛选，京津冀地区共得出238家环保领域重点实验室和128家工程技术研究中心，共计366家。考虑到一个机构可能拥有多个重点实验室，但一个机构的地理位置（经纬度）具有唯一性，因此，需要对重复点进行删除，最终得出104家拥有重点实验室的机构和89家拥有工程技术研究中心的机构。

1.重点实验室空间分布

（1）数量分布

从数量上看，北京拥有重点实验室的机构共有79家，占整个京津冀的76%；河北有14家，占13%；天津有11家，占11%，地区分布差距较大。从重点实验室依托单位类型来看，科研院所最多，占总数的42%；其次是高校，占36%；企业占15%，其他占7%，这说明环保领域重点实验室大多是以科研院所和高校为依托成立的（图7-7）。

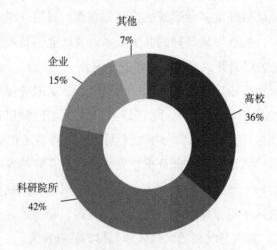

图7-7 京津冀环保领域重点实验室依托单位类型比例

（2）空间分布

从分布来看，北京拥有重点实验室的机构主要集中在海淀区东南部（含学院路、中关村、海淀、清华园等街道），并以海淀东南部为核心，向四周扩散，说明环保领域重点实验室在空间上有密切联系，呈现出地域空间上既集聚又分散的特征。西城区、东城区、石景山区、丰台区、朝阳区、昌平区、怀柔区、通州区等地区均有分布，西部和北部较多，东部和南部较少。天津主要分布在河西区。河北省石家庄市重点实验室相对较多，承德、张家口等生态涵养区环保领域重点实验室极少。

（3）细分领域分布

从细分领域分布来看，资源与环境（综合）方面最多，占14%；其次为农业资源与环境，占13%；之后依次是水资源与水环境（11%）、能源资源及开发（11%）、节能与环保（11%）、生态（8%）、大气科学及大气环境（6%）、新能源（5%）和其他（7%）。矿产资源及开发、地质、固体废弃物处理与资源化、森林资源与保护、海洋资源与开发和工业环境较少，占比均低于5%（图7-8）。随着水资源、能源、生态环境、大气、新能源等领域日益受到我国以及京津冀的广泛关注，这些领域的重点实验室逐渐增多，在解决区域水污染、大气污染、能源紧缺等问题上发挥着重要的支撑作用。

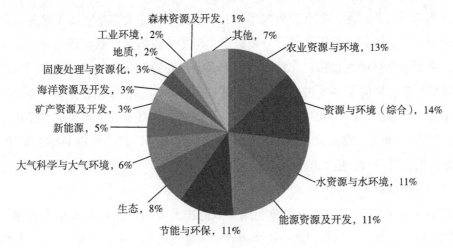

图7-8　京津冀环保领域重点实验室领域分布

2.工程技术研究中心分布

（1）数量分布

从数量上看，北京拥有工程技术研究中心的机构共56家，占整个京津冀的63%；河北有22家，占25%；天津有11家，占12%。说明京津冀环保领域工程技术研究中心多半在北京。

从工程技术研究中心依托单位类型来看，企业最多，占总数的67%；其次是科研院所，占17%；高校占16%。说明环保领域工程技术研究中心大多是以企业为依托成立的（图7-9）。

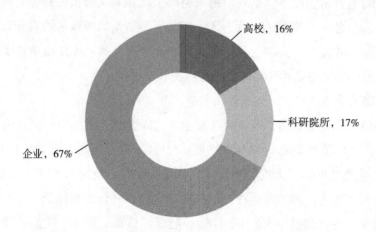

图7-9　京津冀环保领域工程技术研究中心依托单位类型比例

（2）空间分布

从分布来看，北京地区拥有工程技术研究中心的机构主要集中在海淀区东南部和西城区西北部，海淀区和西城区交界处分布较多，即围绕东城区、西城区的西部和北部集中分布。由于企业移动性较强，在地图上并不像重点实验室集中出现，但依然以海淀为核心往四周扩散，同时受科学城、高科技园区建设的影响，分布比较分散。昌平区、朝阳区、丰台区、石景山区、大兴区均有分布。天津则沿着中部从东到西呈"线状分布"，科技机构较少，尚未形成集聚。其中，滨海新区相对集中，其他分散分布在天津城区。河北各地级市均有分布，但机构数量很少。

（3）细分领域分布

从细分领域分布来看，能源资源利用、节能技术方面的工程技术中心最多，各占18%；其次为新能源，占14%；之后依次为农业资源与环境（9%）、废水/污水处理与资源化（9%）、固废处理与资源化（7%）、生态环境与生态修复（4%）、海水淡化（3%）、污染控制（3%）、新能源汽车（3%）、环境监测与评价（3%）、可持续发展（2%）、其他（7%）（图7-10），说明节能技术、新能源开发目前在环保领域比较活跃。

3.重点实验室等研发平台优势分析

为了解以上重点实验室、工程技术研究中心等研发平台的研发实力和优势，本书对其进行了排序，排序原则是级别高者优先，同一级别则以数量多者为优先，前20位机构见表7-3。

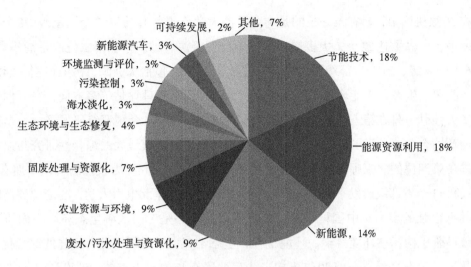

图7-10　京津冀环保领域工程技术研究中心领域分布

表7-3　京津冀环保领域研发平台数量统计（前20位）

排序	依托单位	国家级	省部级	其他	总数
1	中国石油大学（北京）	7	8	7	22
2	清华大学	6	21		27
3	北京矿冶研究总院	4	2		6
4	北京师范大学	3	11		14
5	华北电力大学	3	10	1	14
6	中国科学院生态环境研究中心	3	3	14	20
7	中国矿业大学（北京）	2	4		6
8	中国科学院大气物理研究所	2	3	7	12
9	北京林业大学	2	2		4
10	国家海洋局天津海水淡化与综合利用研究所	2			2
11	中国农业大学	1	11		12
12	北京大学	1	8	1	10
13	天津大学	1	7	7	15
14	中国农业科学院农业环境与可持续发展研究所	1	7	5	13
15	中国环境科学研究院	1	7		8
16	河北农业大学	1	6		7
17	中国农业科学院农业资源与农业区划研究所	1	4		5
18	中国科学院地理科学与资源研究所	1	5		6
19	中国科学院地质与地球物理研究所	1	3		4
20	中国地质大学（北京）	1	2		3

在20家机构中，排在第一位的是中国石油大学（北京），拥有7个国家级、8个省部级研发平台，总数达22个，大多属于石油等能源资源领域。排在第二位的是清华大学，拥有6个国家级、21个省部级研发平台，总数达27家，包括水资源、污染控制、能源开发、新能源、生态、节能环保、生态工业、大气、环境管理评估等多方面，在环保领域综合实力强劲。排在第三位的是北京矿冶研究总院，拥有4个国家级研发平台，是国家首批创新性企业，是我国以矿冶科学与工程技术为主的规模最大的综合性研究与设计机构。排在第四位的北京师范大学，也是在环保领域综合研究实力较强的机构，拥有3个国家级和11个省部级研发平台，总数达14个。第五位是华北电力大学，在能源、新能源领域具有很强的实力。中国科学院生态环境研究中心是专门从事生态环境方面研究的国家级科研机构，在环境科学、环境工程、生态学三大学科领域拥有很强的综合优势。

从地区分布来看，在前20位机构中北京地区有17家，占85%；天津和河北共3家，仅占15%。天津地区共有3个国家级研发平台，分别依托于天津大学、国家海洋局天津海水淡化与综合利用研究所，方向分别为海水淡化、水利工程和能源/资源利用，说明天津在海水、水利方面具有研究优势。河北省作为具有重要战略地位的农业大省，在农业资源与环境领域占据一定的优势。

从综合性及特色来看，清华大学、北京师范大学、中国科学院生态环境研究中心等综合性研究机构约占1/3，在我国环保领域具有很强的研究优势；石油资源开发利用、海洋资源环境、能源利用、大气环境、农业资源环境、森林、地学等特色领域约占2/3，其中，能源与资源领域、农业、地学这三个领域的机构较多，说明京津冀在这三个特色领域具有较强的研究实力。

（五）节能环保产业园区及产业技术联盟分布现状

1.产业园区分布现状

（1）产业园区发展较快，各地方特色逐渐凸显

京津冀节能环保产业发展初具规模，从发展水平上看，北京节能环保产业以产品及服务提供为主，居全国前列，中关村汇集全国环保科技资源的1/4；天津以子牙循环经济产业园区为代表，资源循环利用产业在全国具有示范地位；河北节能环保产业发展处于起步阶段，也是以资源循环利用为主（母爱英，2016）。产业园区是政府或企业为实现产业发展目标而创立的特殊区位环境，是区域经济发展、产业调整升级的重要空间集聚形式，是产业集群的重要载体和组成部分。目前，京津冀地区节能环保产业园区40多个（含正在建设的），北京、天津以及河北11个地级市均有分布（表7-4）。

表7-4 京津冀节能环保产业园区分布情况

地区	园区名称
北京	中关村海淀园、绿创环保科技园、昌平环保产业园、中关村金桥环保基地、北京市朝阳循环经济产业园、海绵城市产业园（在建）、北京经济技术开发区
天津	滨海新区、宝坻节能环保产业园、子牙循环经济产业区
石家庄	石家庄节能环保制造基地、河北省（石家庄）高端节能环保产业园、河北石家庄循环化工园区（在建）、石家庄循环经济化工示范基地（在建）
保定	高碑店节能环保产业基地、保定市新材节能环保建材产业园、保定国家高新技术产业开发区（国家级新能源与能源设备产业基地）、北方（定州）再生资源产业基地
邯郸	邯郸磁县循环经济产业园区、冀·津循环经济产业示范区
唐山	唐山国华高效洁净煤技术大型装备制造基地、中日唐山曹妃甸生态工业园、唐山国家高新技术开发区、唐山再生资源循环利用科技产业园区、京冀曹妃甸协同发展示范区
张家口	沙城生态工业园、河北宣化北山工业园、张家口高新技术产业开发区
邢台	邢台国家光伏高新技术产业化基地、邢台新能源汽车及装备制造园、邢台经济开发区
承德	京津冀节能环保产业基地（在建）、承德国家级大宗工业固废综合利用示范基地
秦皇岛	秦皇岛开发区
沧州	沧州渤海新区（海水淡化）、沧州经济开发区、沧州高新技术产业开发区
廊坊	河北香河环保产业园区、固安环保产业园、京东（香河）环保产业园、文安东都环保产业园
衡水	衡水市生态循环产业园、衡水高新区

　　北京节能环保产业园区包括中关村国家自主创新示范区核心区——海淀园、建筑节能产品高端制造基地——昌平环保产业园、资源综合利用设备制造基地——中关村金桥环保产业基地、交通节能产品制造基地——北京经济技术开发区、朝阳循环经济产业园、北京国家环保产业园等，形成了集环保技术开发、孵化、产品展示交易、技术服务为一体的现代化环保产业，逐渐发展成为京津冀都市圈以及华北地区环保技术开发转化中心。北京是我国节能环保产业核心技术和关键设备研发的策源地，其研发、设计、中试、检测等环节在全国的地位不可替代。

　　天津可自行生产的节能环保产品涵盖节能锅炉、节能电机、高效照明产品、水污染治理、大气污染治理、固体废物处理处置、噪声与振动控制、土壤污染治理与修复、环境监测仪器设备、资源循环利用生产设备等，已形成以天津国际机械产业园、津南密集区、宝坻节能环保产业园（环保设备制造）、子牙循环经济产业区（知名的有色金属原材料市场）和滨海新区为主导的节能环保产业装备制造业发展布局，有效推动了产业集聚和企业集群发展，优势突出、各具特色的区域分工发展格局初步形成。环保产业园区围绕发展循环经济、清洁生产技术、资源综合利用等课题开展科技研发、加工制造和教育培训，逐步形成了产学研一体化的环保产业环境。

河北拥有保定节能环保产业基地、沧州经济开发区、承德国家级大宗工业固废综合利用示范基地、河北宣化北山工业园、唐山国华高效洁净煤技术大型装备制造基地、唐山国家高新技术开发区、文安东都环保产业园、香河环保产业园区、唐山再生资源循环利用科技产业园区、北方（定州）再生资源产业基地等节能环保集聚区，打造了以专业园区为依托，以大型企业集团为核心，"专、精、特、新"中小企业配套的产业格局。河北的环保产业园最大的特色之一是在尾矿资源的综合利用方面，已围绕承德、唐山、邢台、邯郸、张家口等城市形成了集约高效、链条衔接、布局合理的尾矿综合利用体系。另外，近几年以保定为代表的新能源产业也发展较快，2003年4月，保定高新区被科技部批准为国内唯一的国家级新能源与能源设备产业基地，在太阳能光伏发电设备、风能发电设备、电力系统自动化控制和节能设备制造领域形成了集群优势，并向生物质能、太阳能光热发电等可再生能源设备纵深产业领域扩展，扶植诞生了一批国内同行业领军企业。

（2）节能环保产业链初步形成，布局日益清晰

一是产业链条初步形成。在节能领域，形成了工业锅炉、余热利用、电机系统、供热供冷系统改造、智能建筑、照明系统、新能源开发以及动力及控制等多条产业链；在环保产业领域，初步形成工业废水处理、城镇污水处理、生活垃圾处理、工业固体废弃物处理、危险物处理以及大气污染治理等多条产业链；在资源循环利用产业领域，初步形成大宗固体废弃资源利用、再制造、再生资源综合利用、餐厨废弃物利用以及水资源利用等多条产业链。

二是产业链地区分工布局具备基础，优劣势较明显。就以大气污染防治设备为例，北京作为科技、人才、资本等创新要素集聚中心，拥有众多的研发机构，因此，处于整条产业链的上游核心环节。中游是那些生产企业，与之密切相关的是钢铁产业，而河北重工业基础良好，钢铁产量全国第一位，能够为生产企业提供所需的原材料，且对大气防治设备的技术和市场需求很大。下游是分销商和合同能源管理公司，与之密切相关的是物流和金融行业，京、津以及河北石家庄、保定等发展较好的城市具备发展这些行业的条件。

2.产业技术联盟分布现状

产业技术创新战略联盟、虚拟研发组织等都是区域科技创新体系的重要组成部分，是产学研协同创新的新型组织形式，它们在整合科技创新资源、联合攻关关键技术、提升产业核心竞争力等方面起到重要的作用。据不完全统计，京津冀地区有环保领域相关

联盟约30多个。从数量上看，北京地区产业技术联盟最多，尤其是中关村成立的联盟超过1/3，说明中关村在节能环保领域的优势和竞争力强，协同创新也十分活跃。天津、石家庄、保定等地区也成立了节能环保领域的产业技术联盟。从领域范围来看，新能源和节能减排领域的联盟较多，约占联盟总数量的60%，其余是污水、固废、大气、农业节水、建筑环保、污染修复、水环境、环境服务等方面。

京津冀协同发展战略提出后，三地的创新主体整合区域内创新资源，以提升产业技术创新能力为目标，形成了联合公关、优势互补、利益共享、协同创新的跨区域产业技术联盟，包括京津冀及周边地区节能低碳环保产业联盟、京津冀钢铁行业节能减排产业技术创新联盟、京津冀蓄电池环保产业联盟等，在环保行业发展和京津冀区域协同发展方面产生了积极的促进作用。

例如，2013年，针对京津冀大气污染防治问题，北京、天津、河北、山西、内蒙古和山东6省（市），以加强大气污染联防联控为契合点，成立了京津冀及周边地区节能低碳环保产业联盟，这是进一步深化区域合作、促进节能低碳环保产业共同发展的重要举措。联盟致力于对环境污染防治项目提供整体解决方案，并通过合作创新，突破制约产业发展的模式与核心技术，依靠自主技术创新和产业发展推动经济清洁和低能耗发展。联盟成立当天，北京桑德环保集团与河北巨鹿县人民政府、北京碧水源公司与山西太原钢铁集团等分别签署区域合作项目框架协议8个，签约金额大约200亿元。

又例如，2015年，为了促进京津冀区域大气污染治理、推动钢铁行业转型升级，北京市科委发起成立了京津冀钢铁行业节能减排产业技术创新联盟，联盟由中国钢研科技集团有限公司、天津渤海钢铁集团、河北钢铁集团有限公司等70余家机构组成，联盟整合三地钢铁生产企业、节能减排相关机构、高校院所和金融机构等全链条资源，搭建"政产学研金用"融合发展平台，加快科技成果在京津冀区域的产业化，建设京津冀钢铁行业节能减排与产业转型升级科技示范区。另外，近两年京津冀地区陆续出现了京津冀协同创新联盟、京津冀大学科技园联盟、京津冀高校联盟、京津冀科研院所联盟、京津冀协同发展企业联盟、京津冀产业发展联盟等创新主体以协同创新为目的的联盟，这些联盟在整合科技创新资源、提升协同创新能力等方面起到了促进作用。

三、京津冀环保科技创新主体空间分布特征与问题

（一）创新主体区域分布不平衡，集中与分散并存

由于历史、经济、政治等原因，京津冀环保领域科技创新主体区域分布极不平衡。

这种分布不平衡主要体现在：一方面是不同区域间的存在分布不平衡现象，即京、津、冀三地，无论从机构总量还是级别上都存在不平衡，北京地区聚集着60%以上的高校、科研机构、企业以及重点实验室、工程技术研究中心等研发平台，其中，省部级以上的机构占多数，具有强大的科学研究与研发实力。创新主体的分布直接影响人力资源、财力资源、信息资源等科技资源的分布，因此，北京地区聚集了环保领域的科技资源。天津和河北在机构总量上比较接近，但天津在机构的级别、规模、实力方面要远高于河北，河北的环保领域相关机构大多以地方级为主。另一方面是同一区域内也存在分布不平衡现象，例如，城区和郊区，大多机构集中在城区。北京的环保领域高校与科研机构主要集中在地理位置相邻的海淀区、西城区和朝阳区，且在三个区交界处形成集聚分布特征，其他呈现随机分布，并以三个区交界地带为核心往四周扩散，往北至昌平区，沿着京藏高速随机分布（到沙河高教园区）。这与区域定位、资源基础、政策导向等多个因素有关。天津的环保领域高校与科研机构集中在南开区中部，但总量相对较少。河北省各地级市城区均有分布，石家庄、邢台、秦皇岛、保定等各自形成小的集聚，但总数量相对较少。节能环保企业选址受交通条件、劳动力资源、地方政策、产业基础、土地资源以及市场条件等综合影响，形成集中与分散并存的空间分布特征。

（二）高校、科研机构与企业在空间上集聚，但集聚区内部素质有待提高

高校、科研机构与企业是协同创新的主体，它们之间的深度与广度合作促进产学研结合，推动区域协同创新发展。从分布上来看，京津冀地区环保领域的高校、科研机构、企业等创新主体在空间上高度集聚，地理空间上的集聚有助于创新主体间的互动与产学研结合。有关研究也表明，政府、企业和高校院所具有"三螺旋"关系，从城市经济的发展实践来看，其内部基本要素的行为主体主要有企业、大学（包括科研机构）、中介组织和政府四个方面，城市内每个主体事实上都具有明显的集聚趋势，在地域上的集聚，有利于面对面的交流与合作（王缉慈，2001）。目前，许多学者认为，高校、科研院所等教育区域化是使高校更好地主动适应逐渐完善的社会主义市场经济的有效途径，使得高等教育对地方经济、政治、文化等的发展做出敏锐的反应，满足地方经济发展的需求。因此，无论在国际还是国内，大学集群是高等教育发展的一种普遍现象，是高等教育布局的重要形式，资源共享、学科共融、科研集聚、经济互动是大学集群发展的动力因素。

高校、科研机构和企业各自的功能可以相互促进但不能相互取代，当今高校和科研机构的一个主要职能应是激励和提高企业的研发能力，通过知识生产、技术流动、孵化与辐射影响其他产业来占据经济领域的核心地位，而企业主要从事技术创新转化或市场

化、规模化，这两者有效结合起来，才能有效促进产业的发展。随着高校与科研机构的不断集聚，衍生和吸引了企业集聚，从而形成高校、科研机构和企业在空间上的高度集聚。这种空间形态的集聚是通过不断的历史积累而形成的。然而我们在实际调研中发现，由于京津冀区域内高校、科研机构和企业空间集聚区合作平台及共享机制的缺失或不完善，集聚区内知识、技术以及创意的外溢现象并不理想，对节能环保产业的促进作用未能得到最大的发挥。

（三）呈现大集聚小分散特征，并沿着主要交通干线分布

京津冀是我国环保产业集聚发展的核心区域之一，在人力资源、技术开发转化方面优势明显。北京、天津分别为我国北方环保技术开发转化中心和国家北方环保产业基地。按照北京市2016年统计年鉴的数据，北京2015年节能环保产业产值3321亿元，占工业企业战略性新兴产业总产值的9.26%。天津依托先进制造业和石化产业基础和区位优势，2015年节能环保主营业务收入超亿元的大公司和企业集团达到25个，其中，超10亿元的企业5~7个。河北环保产业销售收入年均增长30%左右，2015年达到1000亿元以上。微观机构的空间分布以及产业园区分布现状表明，在集聚效应和选择效应的综合作用下，环保领域科技机构资源呈现"大集聚小分散"特征，即在北京形成一个大集聚，其次是天津和石家庄机构资源也较密集，其他地级市分散分布。同时沿着重要的交通干线形成了线状分布，如京港澳、大广高速。由于历史、经济、政治等种种原因，导致了区域之间环保科技创新资源的落差大，而这种不平衡使得三地未形成合理的分工协作以及良好的互动关系，北京资源也未能在周边地区落地，对周边地区的辐射带动作用有待提升。这也导致了空间布局上的不协调，如各区域功能特色不突出、资源过于集中在一个地区、无法形成区域联动等。

（四）创新主体空间布局影响产业链和创新链融合发展

推进"产业链+创新链"双向融合是强化企业创新主体地位的原动力。高校、科研机构、企业、科技中介机构等是产业链和创新链的核心主体，其空间布局影响着区域产业链和创新链的融合发展。这些机构的合理布局、集聚和联动，不仅有利于区域分工协作的形成和产业链的完善，且有利于集成创新和协同发展。目前，京津冀环保科技创新主体区域分布极不平衡，实力差距巨大，产业链各环节发展也不平衡，创新链条不完善。

一是京津冀三地节能环保产业发展不平衡，北京处于全国领先地位，津、冀两地无论是企业数量、规模，还是研发、技术工程设计等方面，都无法与北京相提并论。二是产业链条各环节发展不平衡，北京拥有众多环保领域高校、科研院所，在科技研发方面

优势明显，但受成果转化基地、产业基础和用地成本等因素影响，技术转化受到影响，加上高校与科研机构对自身科技资源了解不够充分与具体，管理体制与方式不适合科技创新的需求，各类科技成果没有充分与企业结合，科技成果转化率不高。而津冀由于节能环保产业链上游研发环节投入不足，导致节能环保产品技术含量低、附加值低，产品不能满足京津冀地区庞大的市场需求，从而影响创新链和产业链融合发展。三是京津冀区际间产业联动不足。京津冀地区条块分割严重、科技资源基础差距显著，加上区域合作意识不强，还未制定统一的环保产业规划、政策及标准，也没有形成统一的环保市场；初步形成了产业链条，也各自形成了一些特色，但产业链条过短、发育不好，大区域层面整合力度不够，分工协作还未真正形成，三地机构之间基于产业链的垂直联系或基于联合技术攻关、市场开拓等共同目标而开展的活动较少。四是地方产业发展与科技资源匹配度较低，相比北京和天津，河北各地级市的节能环保产业普遍研发投入不足、企业规模小、产业集中度低、产品技术含量和附加值低下，且高校、科研院所等研发机构严重不足，而产业链的核心环节——研发环节的薄弱，直接影响产业链的层次水平和环保产业发展。近年来，河北中南部城市，如沧州、保定、石家庄、邢台、邯郸等，节能环保产业发展较快，地方政府层面也十分重视这一战略性新兴产业发展，出台了许多扶持政策，但产业发展目标与科技资源的匹配度还是不高，严重影响地区节能环保产业的持续发展。

四、有关优化创新主体空间布局，促进京津冀环保协同创新的建议

（一）基于"点—轴系统"理论优化创新主体空间布局，实现区域环保科技协调发展

创新主体的空间结构与布局对协同创新起到重要影响，合理的空间结构能够使各个主体之间形成良好的协同关系，激发创新潜力，促进协同创新效能。"点—轴系统"理论[①]是由我国著名地理学家陆大道先生于20世纪80年代提出的，该理论以增长极理论和

---

① 点轴开发模式是增长极理论的延伸，从区域经济发展的过程看，经济中心总是首先集中在少数条件较好的区位，呈斑点状分布。这种经济中心既可称为区域增长极，也是点轴开发模式的点。随着经济的发展，经济中心逐渐增加，点与点之间，由于生产要素交换需要交通线路以及动力供应线、水源供应线等，相互连接起来就是轴线。这种轴线首先是为区域增长极服务的，但轴线一经形成，对人口、产业也具有吸引力，吸引人口、产业向轴线两侧集聚，并产生新的增长点。点轴贯通，就形成点轴系统。因此，点轴开发可以理解为从发达区域大大小小的经济中心（点）沿交通线路向不发达区域纵深发展推移。

生长轴理论为基础，将两者有机结合起来，已应用到许多区域规划和区域发展实践中，该理论能够为环保科技机构的空间布局提供指导。基于"点一轴系统"理论、京津冀环保机构分布现状以及国家重大战略需求，以雄安新区建设为契机，京津环保科技资源向雄安新区以及基础较好的南部地区转移并集聚；将一些优质的环保科技资源向生态涵养区转移，不断优化空间布局，优化京津冀环保科技资源配置，促进创新链、产业链和服务链的全面融合。

1.雄安新区打造环保科技创新集聚区

党中央、国务院决定设立雄安新区，最重要的定位、最主要的目的就是打造北京非首都功能疏解集中承载地，推进京津冀协同发展。雄安新区具体定位包括绿色生态宜居新城区、创新驱动引领区、协调发展示范区和开放发展先行区。由此可见，创新、绿色、协调、开放将是雄安新区建设的动力和基调，这必将对京津冀区域环保科技创新要素的整合和流动产生巨大的影响，为节能环保产业的高质量发展提供前所未有的发展机遇和挑战，将对环保科技资源的空间分布格局产生影响。因此，以雄安新区建设为契机，通过分设机构或组建新型研发机构、创新组织形式等方式，加快北京、天津科技机构向雄安新区转移扩散；加快制度创新、科技创新，完善创新创业环境，积极吸纳和集聚京津及全国环保创新要素资源，通过集聚高校院所和发展节能环保产业，打造一批高水平环保领域的创新创业载体，吸引高新技术企业集聚；鉴于京津冀区域当前节能产业相关机构资源较环保装备产业和资源循环利用产业薄弱的现状，在雄安新区大力发展节能产业，错位发展，形成互补优势，逐步改善区域环保科技资源不平衡状态。

2.引导与支持河北南部地区节能环保产业发展

近年来，河北省中南部地区的部分城市（如石家庄、邢台、邯郸）节能环保产业呈现较快的发展态势，相关机构也开始集聚。应引导并支持京、津优质环保科技资源向河北南部地区转移、扩散，在南部形成一个集聚效应，强化京津冀南部地区的环保科技创新能力和水平，从而带动整个京津冀区域环保产业的发展。

3.西北部生态涵养区打造生态科技示范区

《京津冀协同发展纲要》对山区的定位是西北部生态涵养区，其功能是生态保护、水源涵养、休闲旅游、绿色产品供给。生态涵养区是京津冀区域可持续发展的重要保障，为京津冀协同发展预留充足的绿色空间及未来发展空间。目前，由于交通、经济水平等原因，相比平原地区，生态涵养区环保机构总体数量少、实力弱，应立足环首都现代农业科技示范带，将京、津的农林业领域的机构向生态涵养区集聚，通过政策引导、机制创新，加快生态科技成果转化落地，实施一批生态科技示范项目和示范园区建设工程，建成环首都地区生态科技创新示范带。一方面，以现代农业示范园区为依托，吸引科研力量和工商资本参与建设，促进首都优势农业科技资源与环首都地区传统农业改造提升有效对接，通过建立创新载体、引入新的发展理念、探索新的商业模式等途径建设现代农业协同创新试验区。另一方面，以生态环境建设与治理为引爆点，注重示范应用，合理布局环首都生态科技示范园区，发挥区域性重大生态环境治理项目带动效应，加快生态环保科技产业发展。

4.优化京津冀环保科技资源空间战略布局

目前，京津冀地区环保相关创新主体空间格局已形成，基本以北京、天津为核心形成集聚，沿着主要交通干线形成分布，但还未真正形成科学合理的空间布局。针对目前的机构分布格局、区域科技战略布局和基础优势，在加快雄安新区和南部地区环保机构集聚区建设的同时，以知识溢出、技术扩散、创新主体集聚、要素流动以及创新链配置的空间规律为遵循，以环保科技园区、创新平台、创新网络为载体，以京港澳、大广高速等重要交通线为依托，以创新生态环境为核心，以共建共享的区域环保科技创新体系为基础，形成各创新环节相互衔接的条带状或环形状分布的环保科技创新带，逐渐形成"多中心集聚、多轴线梯度分布"的空间布局，最终实现"以点带面、从线到面"，形成京津冀区域协同创新网络，优化京津冀环保科技资源空间战略布局。

（二）基于产业链优化机构布局，实现科技创新和产业的高效对接

1.建设特色环保园区，实现错位发展和优势互补

依托现有基础，建设定位"错位"的特色节能环保产业园区，以园区为引领，在园区培育中，不断出台有针对性的各种优惠政策，招商引资，进行补链、延链。同时鼓励环保园区发展配套产业，使产业链横向拓展，以便更好地发挥园区集聚效应，提升园区竞争优势。

2.优化区域环保产业链空间布局，实现科技创新和产业的有效对接

目前，京津冀区域节能环保产业链已初步形成分工布局，但仍以各自为政，城市与城市之间未形成大的循环圈和协作圈。基于京津冀地区环保产业链条不完整、联动不足的现状，合理配置环保科技资源，优化区域环保产业链空间布局，引导机构资源形成产业链条上的分工合作。例如，产业链上的研发环节可以布局在创新资源丰富的北京中关村、天津滨海新区以及河北的石家庄等地；产业链中游的制造环节，充分考虑土地、劳动力、工业基础以及消费市场等条件，可布局在拥有大量土地、丰富劳动力、配套基础良好的石家庄、保定、邯郸、邢台、唐山等地，而且地理空间上邻近最终的消费市场，有利于市场的有效对接；产业链下游环节可以布局在承德、唐山、邯郸、邢台等工业废弃物排放较多的城市以及北京、天津、石家庄等生活垃圾排放较多的地区，以便就地取

材，降低成本。

3.围绕环保产业链布局"创新链"，围绕创新链布局"资金链"

一是结合京津冀资源环境迫切需要解决的重大问题与优势资源，确定区域环保产业优先发展领域，例如，大气污染防治、水污染防治领域的环保装备、资源循环利用产业，完善产业链条，围绕产业链条布局创新链，努力培养龙头企业；二是着力启动产业招商，打通环保产业链上下游，让创新主体抱团取暖，迅速形成洼地效应和集聚效应；三是加大环保科技投入，引导环保产业重点企业通过自主研发和产学研合作，解决关键性技术问题；四是实施品牌战略，政府引导企业培育自己的品牌，加大环保项目支持、融资力度，更好地引导环保产业转型升级。

（三）构建跨区域环保协同创新网络，加快产业集群向创新集群升级

创新集群通过形成长期稳定的创新协作关系而产生创新聚集，进而获得创新优势的开放的网络组织形式（赵新刚，2006）。创新集群是产业集群发展的高级阶段，产业集群是诱发创新集群的内在依据。目前，京津冀拥有不少环保产业园区，但园区竞争力和吸引力都比较弱、定位不够明确、基础设施不够完善，发展速度相对比较缓慢，这不利于区域环保产业的高质量发展。其中，重要的原因就是京津冀三地由于受行政区域的限制和发展水平差距的存在，各创新集群之间虽然在地理位置上较近，却缺少足够的协同合作与互动，相关产业链缺乏横向和纵向整合，阻碍了创新要素的有效配置和自由流动，使集群间分工难以精细、协作难以开展、规模难以做大。因此，应通过如下措施加快构建跨区域环保协同创新网络，使集群在更大的区域范围内发挥集聚效应，实现技术、知识和信息等要素的共享，加快向创新集群转变，提高协同竞争能力。

1.构建京津冀环境组织协调机构

组织、协调区域资源与环境相关系列问题，下设环保科技部门。该部门以有效的联系机制和合理的组织协调机制为基础，负责区际环保领域科技合作、研究策划、统筹规划、联系沟通、指导实施、信息服务、政策法规等工作，以实现区域间创新资源优势互补和共同发展。

2.组建产业技术联盟等创新组织推动跨区域协同网络的构建

基于京津冀环保科技资源地域分布存在较大差别、集群创新能力发展不平衡的实际情况，构建跨区域技术转移联盟。跨区域技术转移联盟是以不同区域创新能力较强的集群为核心，通过搭建以数据库、网络为支撑的信息平台，打破地区之间的行政界限、壁垒，汇聚三地创新资源，促进环保人才、知识、技术、资本、服务等创新要素的跨区域流动和无缝对接。另外，促进企业间、产学研之间、联盟之间合作与交流，形成环保科

技创新网络和创新集群，加快区域环保产业网络节点间的协同互动；促进联盟的国际化，包括成员的组成和以环保技术创新为目标的国际合作。还要通过京津冀区域联合市场攻关与转化、共享信息与人才、开展环保技术转移综合服务、国际交流与合作等手段，促进三地产学研用合作，促进技术市场优势互补、互利共赢，激发创新驱动发展的内生动力，在互惠共赢的基础上协同创新，培育新的经济增长点。

3.搭建京津冀区域环保科技创新服务平台

针对当前京津冀区域还没有环保领域公共服务平台的现状，建议尽快构建跨区域的环保公共创新服务平台，有效整合和优化配置各类科技创新资源，连接各个公共和地方性科技相关机构，解决集群内诸多风险融资、中介服务、产学研合作、信息支持等问题。同时打造环保交易网络和环保技术网络平台，建立京津冀区域统一的环保市场、网上交易平台以及跨区域的要素市场；以三地政府为主导者实施协同战略，将企业、三地政府、科研机构、中介机构等相关利益主体协同在一个无形的平台上，通过协作和创新形成强大的跨区域创新集群。

4.探索跨区域环保协同创新模式

对于环保产业集群，结合京津冀环保产业集群的实际情况和发展需求，采用供应链互补整合模式、资源共享整合模式、优势互补整合模式、蛛网辐射整合模式、"链接"模式等多种协同创新模式；对于产学研协同，主要采取三地合作研发、许可证合作、环保技术援助、各种信息交流和环保人才引进等方式，推进京津冀环保集群和产学研合作。

5.加快形成网络式创新

通过鼓励环保科技人员在京津冀区域内流动、支持科技人员创新、组建环保技术虚拟研发团队等措施，鼓励区域内频繁的知识溢出、知识转移和环保技术扩散，形成网络式创新，有效推进区域协同创新；扶持与创新集群相关的知识服务业发展，包括环保领域关键技术和共性技术的研发、对企业员工技术和知识培训、专业设计、咨询和知识服务等。

6.完善区域环保协同创新机制

设计省际间环保产业转移、产学研间合作的利益、税收分享机制，实现"行政区内小合作"向"跨行政区大合作"的转变，打造京津冀环保协同创新利益共同体；整合三地环保科技创新资源和专家资源，构建京津冀环保科技信息资源共享平台，成立环保人才联盟，推动京津冀三地技术、知识、信息等环保科技资源的流动与共享；确定多元化、多方位的生态补偿方式，注重运用市场手段和经济激励政策的生态补偿机制，逐步完善税收机制、生态环境价格机制、交易机制，建立公平、公开、公正的生态利益共享以及相关责任分担机制；建立产业化和基础研究、应用研究以及成果转化相统一的区域环保科技协调发展机制，围绕京津冀资源与环境难点问题，确定科学合理的创新发展目标，优先支持大气污染和水污染等区域重大环境问题相关重要基础研究、战略先导研究以及交叉前沿研究等。

参考文献

［1］安海忠，仲冰，傅雷.国内外资源环境管理领域研究方向分析［J］.资源与产业，2011，13（2）：27-30.

［2］毕娟.论京津冀协同创新中的科技资源协同［J］.中国市场，2015（31）：87-91.

［3］蔡昉.人口、资源与环境：中国可持续发展的经济分析［J］.中国人口科学，1996（6）：1-10.

［4］蔡岚.协同治理：复杂公共问题的解决之道［J］.暨南学报（哲学社会科学版），2015（2）：110-119.

［5］蔡守秋.善用环境法学实现善治——治理理论的主要概念及其含义［J］.人民论坛，2011（5）：62-65.

［6］蔡小伟.福建省创新区域性生态补偿机制［N］.人民日报，2007-04-01（1）.

［7］曹海军.新区域主义视野下京津冀协同治理及其制度创新［J］.天津社会科学，2015（2）：68-74.

［8］常敏.京津冀协同发展的法律保障制度研究［J］.北京联合大学学报（人文社会科学版），2015，13（4）：47-50.

［9］陈劲，阳银娟.协同创新的理论基础与内涵［J］.科学学研究，2012（2）：161-164.

［10］陈晓红，万鲁河，周嘉.城市化与生态环境协调发展的调控机制研究［J］.经济地理，2011（3）：489-492.

［11］陈智国.京津冀协同创新的进展与问题［J］.投资北京，2016（8）：28-30.

［12］储节旺，郭春侠.共词分析法的基本原理及EXCEL实现［J］.情报科学，2011，29（6）：931-934.

［13］崔晶.生态治理中的地方政府协作：自京津冀都市圈观察［J］.改革，2013（9）：138-144.

［14］崔巍.加快实现科技成果转化［EB/OL］.［2016-07-22］.http://theory.gmw.cn/2016-07/22/content_21077065.htm.

［15］戴越.资源与环境约束下的产业结构优化研究［J］.学术交流，2014（2）：126-129.

［16］邓勇，房俊民，文奕.专利信息集成服务平台的构建设想［J］.情报理论与实践，2007，30（1）：88-92.

［17］刁丽琳，朱桂龙.区域产学研合作活跃度的空间特征与影响因素［J］.科学学研究，2014，32（11）：1679-1688.

［18］丁厚德.科技资源配置的新问题和对策分析［J］.科学学研究，2005，23（4）：474-480.

［19］董明涛，孙研，王斌．科技资源及其分类体系研究［J］．合作经济与科技，2014（19）：28-30.

［20］董文，张新，池天河．我国省级主体功能区划的资源环境承载力指标体系与评价方法［J］．地球信息科学学报，2011（2）：177-183.

［21］范俊生．京津冀三地政协搭建跨区域协商平台［N］．北京日报，2016-12-05（8）.

［22］冯国梧．李家俊：京津冀协同发展需高效配置资源［N］．科技日报，2016-03-13（9）.

［23］冯璐，冷伏海．共词分析方法理论进展［J］．中国图书馆学报，2006（2）：88-92.

［24］冯玉广，王华东．区域人口—资源—环境—经济系统可持续发展定量研究［J］．中国环境科学，1997（5）：402-405.

［25］高丽娜，蒋伏心，熊季霞．区域协同创新的形成机理及空间特性［J］．工业技术经济，2014（3）：25-32.

［26］高明，郭施宏．基于巴纳德系统组织理论的区域协同治理模式探究［J］．太原理工大学学报（社会科学版），2014（4）：14-17.

［27］高尧．松花江流域水资源管理模式研究［D/OL］．大连：大连理工大学，2011．http://kns.cnki.net/KCMS/detail/detail.aspx?dbcode=CMFD&dbname=CMFD2011&filename=1011108370.nh&v=MzA1NjFYMUx1eFlTN0RoMVQzcVRyV00xRnJJDVVJMS2ZZdVpvRnlIa1dyN0FWRjI2SDdLNEZ0TExyNUViiUElSOGU=.

［28］顾祎晛．协同创新的理论模式及区域经济协同发展分析［J］．理论探讨，2013（5）：95-98.

［29］郭施宏，齐晔．京津冀区域大气污染协同治理模式构建——基于府际关系理论视角［J］．中国特色社会主义研究，2016（3）：81-85.

［30］韩博．区域协同创新体系构建的路径选择［J］．中国经贸导刊，2013（29）：7-9.

［31］韩瑞光，马欢，袁媛．法国的水资源管理体系及其经验借鉴［J］．中国水利，2012（11）：39-42.

［32］胡佳．跨行政区环境治理中的地方政府协作研究［D/OL］．上海：复旦大学，2010．http://xuewen.cnki.net/CDFD-1011184233.nh.html.

［33］胡亚博．十八大以来京津冀环境协同治理历程、挑战与战略选择［J］．资治文摘，2017（6）：42-44.

［34］江果．京津冀节能环保产业链构建研究［D/OL］．石家庄：河北经贸大学，2015．http://kns.cnki.net/KCMS/detail/detail.aspx?dbcode=CMFD&dbname=CMFD201502&filename=1015579068.nh&v=MjMxMDIyNkc3YS9GOUhLcDVFYlBJUjhlWDFMdXhhUUzdEaDFUM3FUcldNMUZyQ1VSTEtmWXVab0Z5SGdvVYjNKVkY=.

［35］姜云生，姜杉，焦杰，等．京津冀科技资源共享的障碍及对策［J］．价值工程，2016（36）：216-220.

［36］蒋和胜．论科技资源向科技资本的转换［J］．河北大学学报（哲学社会科学版），2005，30（6）：

125–128.

［37］金名.京津冀环境问题出路在发展转型［N］.经济日报，2016-01-12（13）.

［38］柯海玲，杜佩轩.论资源与环境的关系［J］.陕西地质，2004，22（1）：83–87.

［39］李峰，张贵，李洪敏.京津冀科技资源共享的现状、问题及对策［J］.科技进步与对策，2011，28
（19）：48–51.

［40］李纲，吴瑞.国内近十年竞争情报领域研究热点分析——基于共词分析［J］.情报科学，2011，29
（9）：1289–1293.

［41］李校利.生态文明研究综述［J］.学术论坛，2013（2）：53–55.

［42］李燕凌，康爱彬.京津冀大气污染综合治理对策探索［J］.产业与科技论坛，2015，14（24）：
191–192.

［43］李迎迎.国内"互联网+"领域研究热点及内容分析［J］.情报杂志，2016，35（8）：128–132.

［44］李颖，贾二鹏，马力.国内外共词分析研究综述［J］.新世纪图书馆，2012（1）：23–26.

［45］刘凯，任建兰，张理娟，等.人地关系视角下城镇化的资源环境承载力响应——以山东省为
例［J］.经济地理，2016（9）：77–84.

［46］刘蕾.史观京津冀［N］.中国城市报，2017-03-26（32）.

［47］刘玲利.科技资源要素的内涵、分类及特征研究［J］.情报杂志，2008（8）：125–126.

［48］刘晓星.京津冀环保产业如何"链"起来？［N］.中国环境报，2015-10-27（9）.

［49］刘晓星.京津冀以环境空间优化区域发展格局［N］.中国环境报，2015-05-12（6）.

［50］刘晓星，陈乐."河长制"：破解中国水污染治理困局［J］.环境保护，2009（9）：14–16.

［51］刘洋.大数据时代科技信息资源共享平台的发展［J］.林业科技情报，2014（1）：66–69.

［52］刘燚.京津冀地区空气质量状况及其与气象条件的关系［D/OL］.长沙：湖南师范大学，
2010[2010-09-19]. http://www.wanfangdata.com.cn/details/detail.do?_type=degree&id=Y1684619.

［53］陆文军.长三角地区环境保护合作工作进入实质性启动阶段［EB/OL］.（2009-04-30）. http://www.
gov.cn/jrzg/2009-04/30/content_1300487.htm.

［54］马费成，李纲，查先进.信息资源管理［M］.武汉：武汉大学出版社，2000.

［55］马强.我国科技资源分布特征研究［D/OL］.南京：东南大学，2010. http://www.docin.com/p-
1662649788.html.

［56］马英杰，房艳.美国环境保护管理体制及其对我国的启示［J］.中国资源综合利用，2007（11）：
42–43.

［57］曼瑟尔·奥尔森.集体行动的逻辑［M］.陈郁，郭宇峰，李崇新，译.上海：上海人民出版社，
1995.

［58］米红，吉国力，林琪灿.中国县级区域人口、资源、环境与经济协调发展的可持续发展系统理论

和评估方法研究［J］.人口与经济，1999（6）：17-24.

［59］母爱英，江果.京津冀节能环保产业链的构建与思考［J］.领导之友（理论版），2018（8）：60-65.

［60］欧阳帆.中国环境跨域治理研究［D/OL］.北京：中国政法大学，2011. http://kns.cnki.net/KCMS/detail/detail.aspx?dbcode=CDFD&dbname=CDFD1214&filename=1011115881.nh&v=MjUzMzk4ZVgxxTHV4WVM3RGgxVDNxVHJXTTFGckxNVUkxZll1Wm9eUhoVkxyyQlZGMjZIN0s1RzluRXJwRWJQSVI=.

［61］潘静，李献中.京津冀环境的协同治理研究［J］.河北法学，2017，35（7）：131-138.

［62］彭本利，李爱年.新《环境保护法》的亮点、不足与展望［J］.环境污染与防治，2015，37（4）：89-93.

［63］乔花云，司林波，彭建交，等.京津冀生态环境协同治理模式研究——基于共生理论的视角［J］.生态经济，2017（6）：151-156.

［64］史琳，宋微，李彩霞，等.区域科技信息资源共享服务平台建设影响因素分析［J］.电子制作，2014（14）：113-115.

［65］数据杂志编辑部.北京市常住人口情况分析［J］.数据，2011（6）：68-72.

［66］宋建波，武春友.城市化与生态环境协调发展评价研究——以长江三角洲城市群为例［J］.中国软科学，2010（2）：78-87.

［67］宋建军，刘颖秋.京冀间流域生态环境补偿机制研究［J］.宏观经济研究，2009（9）：41-46.

［68］苏冬梅，史永良.甘肃科技资源配置现状及发展战略对策［J］.科技管理研究，2012（3）：51-54.

［69］孙秀艳，潘岳：每次环评风暴都是一场博弈［N］.人民日报，2007-02-06（10）.

［70］铁燕.中国环境管理体制改革研究［D/OL］.武汉：武汉大学，2010. http://kns.cnki.net/KCMS/detail/detail.aspx?dbcode=CDFD&dbname=CDFDLAST2015&filename=2010166886.nh&v=MjkzMTdXTTFGckxNVUkxZll1Wm9eURrVTd6S1YxMjZIcksrR05uRXFFaRWJQSVI4ZVgxxTHV4WVM3RGgxVDNxVHI=.

［71］万同心.钢铁联盟助力产业绿色发展［N］.人民日报，2016-05-31（13）.

［72］汪伟全.空气污染的跨域合作治理——以北京地区为例［J］.公共管理学报，2014（1）：55-64.

［73］汪泽波，王鸿雁.多中心治理理论视角下京津冀区域环境协同治理探析［J］.生态经济，2016（6）：157-163.

［74］王尔德.谷树忠：建立自然资源与生态环境一体化的管理体系［EB/OL］.（2013-11-14）. http://www.drc.gov.cn/xscg/20131114/182-561-2877932.htm.

［75］王干.流域环境管理制度研究［M］.武汉：华中科技大学出版社，2008.

［76］王海峰，王晋.北京地区大型科学仪器设备及其共享初评［J］.中国科技资源导刊，2014，46（1）：104-109.

［77］王缉慈.创新的空间——企业集群与区域经济发展［M］.北京：北京大学出版社，2001.

［78］王嘉禾.生态共建保护碧水蓝天 京津冀打造生态环境示范区［EB/OL］.［2016-02-26］.http://www.chinadaily.com.cn/hqcj/zxqxb/2016-02-26/content_14572433.html.

［79］王家庭,曹清峰.京津冀区域生态协同治理:由政府行为与市场机制引申［J］.改革,2014（5）:116-123.

［80］王教河,吴国松,王诚.修订后的《水法》赋予流域机构的管理职责［J］.东北水利水电,2003（3）:55-56.

［81］王金南,田仁生,洪亚雄.中国环境政策（第一卷)［M］.北京:中国环境科学出版社,2004.

［82］王娟,何昱.京津冀区域环境协同治理立法机制探析［J］.河北法学,2017（7）:120-130.

［83］王丽,杨一苗,刘晓莉.中国环保部门给地方政府开"罚单"制裁河流污染［EB/OL］.［2010-06-04］.http://news.163.com/10/0604/15/68BITTLA000146BC_2.html.

［84］王丽.京津冀地区资源开发利用与环境保护研究［J］.经济研究参考,2015（2）:47-71.

［85］王庆金,马伟.区域协同创新平台体系研究［M］.北京:中国社会科学出版社,2014.

［86］王伟,高杰.长三角建环保联盟正当时［N］.工人日报,2009-08-24（2）.

［87］王卫,冯忠江,陈辉.河北地理［M］.北京:北京师范大学出版社,2009.

［88］王喆,周凌一.京津冀生态环境协同治理研究——基于体制机制视角探讨［J］.经济与管理研究,2015,36（7）:68-78.

［89］魏瑞斌.基于关键词的情报学研究主题分析［J］.情报科学,2006（9）:1400-1404.

［90］吴次芳,鲍海君,徐保根.我国沿海城市的生态危机与调控机制——以长江三角洲城市群为例［J］.中国人口·资源与环境,2009（3）:32-37.

［91］吴文彬.生态足迹研究文献综述［J］.合作经济与科技,2014（1）:11-15.

［92］肖志雄,谷静.基于共词分析法的国内协同学研究热点分析［J］.情报探索,2015（5）:6-14.

［93］徐晓霞.中国科技资源的现状及开发利用中存在的问题［J］.资源科学,2003（3）:85-91.

［94］徐旭忠.重庆与接壤省份建立区域环境执法联动机制［EB/OL］.（2008-12-17）［2008-12-18］.http://news.163.com/08/1218/07/4TEA08D4000120GU.html.

［95］燕乃玲,夏健明.加拿大资源与环境管理的特点及对中国的启示［J］.决策咨询通讯,2007（5）:56-60.

［96］闫巍,曾民族.构筑知识基础结构的关键技术［J］.现代图书情报技术,2005（8）:1-6+31.

［97］杨春锁.江浙沪合力构建"绿色长江三角洲"［EB/OL］.［2002-5-9］.http://www.people.com.cn/GB/jinji/31/179/20020509/724625.html.

［98］杨华锋.论环境协同治理［D/OL］.南京:南京农业大学,2011.http://kns.cnki.net/KCMS/detail/detail.aspx?dbcode=CDFD&dbname=CDFD1214&filename=1012271379.nh&v=MTQyMzNwRWJJQSVI4ZVgxTHV4WVM3RGgxVDNxVHJXTTFGckNVUkxLZll1Wm9GeURnVUwvTFZGGMjZITEcvSDlMTHA=.

［99］杨晶，金晶，吴泗宗. 珠三角地区城市化与生态环境协调发展的动态耦合分析——以珠海市为例［J］. 地域研究与开发，2013（5）：105–108.

［100］杨雪峰，王军，李玉文. 资源与环境管理概论［M］. 北京：首都经济贸易大学出版社，2012.

［101］杨增浩，王欣欣，沙尔望. 协同创新视域下的大学生创新能力培养［J］. 教书育人（高教论坛），2015（21）：40–41.

［102］姚瑶. 区域协同创新理论述评［J］. 消费导刊，2017（3）：187–192.

［103］余敏江. 区域生态环境协同治理的逻辑——基于社群主义视角的分析［J］. 社会科学，2015（1）：82–90.

［104］曾鸣，王亚娟. 基于主成分分析法的我国能源、经济、环境系统耦合协调度研究［J］. 华北电力大学学报（社会科学版），2013（3）：1–6.

［105］张达，何春阳，邬建国，等. 京津冀地区可持续发展的主要资源和环境限制性要素评价——基于景观可持续科学概念框架［J］. 地球科学进展，2015，30（10）：1151–1160.

［106］张贵，吕荣杰，金浩，等. 河北省经济发展报告（2017）［M］. 北京：社会科学文献出版社，2017.

［107］张建. 京津冀地区现代气候变化和气候适宜度研究［D/OL］. 长沙：湖南师范大学，2009. http://www.wanfangdata.com.cn/details/detail.do?_type=degree&id=Y1471623.

［108］张力. 协同创新意义深远［N］. 光明日报，2011–05–06（16）.

［109］张立海，张业成，高庆华. 京津唐地区水资源供需矛盾与水环境灾害［J］. 灾害学，2008，23（1）：69–72.

［110］张良，冯源. 长三角形成跨界水体生态补偿机制总体框架［J］. 海河水利，2009（2）：13.

［111］张勤，马费成. 国外知识管理研究范式［J］. 管理科学学报，2007，10（6）：65–73.

［112］张兴，桂梅. 资源环境承载力评价指标体系研究［J］. 中国土地，2017（8）：18–20.

［113］张玉才，宋新平. 科技型中小企业信息服务体系的研究［J］. 科技管理研究，2008（11）：241–244.

［114］张耘. "首都科技"引领京津冀协同发展［N］. 中国科学报，2014–06–06（7）.

［115］张占斌. 从环境保护总局到环境保护部的历史跨越［N/OL］. 光明日报，［2008–04–29］. http://epaper.gmw.cn/gmrb/html/2008–04/29/nbs.D110000gmrb_05.htm.

［116］赵建军，薄海. 垂直管理：我国环境治理的一项重大制度创新［N］. 中国环境报，2016–10–25（3）.

［117］赵新刚，郭树东，闫耀民. 美国圣地亚哥的创新集聚及其对我国的启示［J］. 生产力研究，2006（8）：171–172.

［118］郑俪丹. 首都圈大气污染联防联控法律问题［D/OL］. 北京：中国社会科学院，2014. http://kns.cnki.net/KCMS/detail/detail.aspx?dbcode=CMFD&dbname=CMFD201501&filename=1014046172.nh&v=

MDg5OTVoVUwvS1ZGMjZHck84R05ETHJaRWJQSVI4ZVgxTHV4WVM3RGgxVDNxVHJXTTFGckNV
UkxLZll1Wm9GeUQ=.

[119] 中国环境与发展国际合作委员会秘书处. 专题政策报告（2007）第一期：国外环境保护机构设
置国别情况介绍［EB/OL］.［2008-02-04］. http://www.china.com.cn/tech/zhuanti/wyh/2008-02/04/
content_9652112.htm.

[120] 中国科学院可持续发展战略研究组编. 2015中国可持续发展报告——重塑生态环境治理体系［M］.
北京：科学出版社，2015.

[121] 中华环保联合会. 2008中国环保民间组织发展状况报告［EB/OL］.［2008-11-24］.https://wenku.
baidu.com/view/dad061313968011ca30091e1.html.

[122] 周绪红. 科技协同创新的模式与路径［J］. 中国高校科技，2012（12）：4-5.

[123] 朱炎. 科技信息资源共享平台及其开发利用［J］. 中国科技信息，2012（10）：122.

[124] 左盛丹. 京津冀协同发展：兴邦惠民的大协同［EB/OL］.［2017-02-20］. http://www.ce.cn/xwzx/
gnsz/gdxw/201702/22/t20170222_20411986.shtml.